Dieter Wehnert

Noahs letzte Warnung

Dieter Wehnert

Noahs letzte Warnung

Artensterben und menschliche Zivilisation

Ullstein

Inhalt

Geleitwort von Hubert Weinzierl 11
Vorwort 17

Erstes Kapitel
Vom Artentod zum Artenmord 23

Das Erbe der Punischen Kriege – der entwaldete Apennin 28

Zweites Kapitel
Von der Vielfalt der Arten – Eckdaten der Evolution 33

Wie viele Arten gibt es auf der Welt? 34
Vom Werden der Arten 38
Die ökologische Nische 41
Ersatznischen 43
Art und Rasse 45
Ohne dich kann ich nicht leben – vom Zusammenspiel der Arten 48
Zum Beispiel Parasitismus 50
Zum Beispiel Symbiose 51
Andere Regel- und Wechselwirkungsmechanismen der Natur 53

Drittes Kapitel
Dimensionen einer Katastrophe 57

Prognose ... ungewiß 58
Die Kausalkette 64
Der Fächereffekt 65
Die Endlosspirale 66

Viertes Kapitel
Macht euch die Erde untertan –
Ursachen des Artensterbens 72

Ursache: Schädlingsbekämpfung 74
Ursache: Faunenverfälschung 85
Ursache: Überjagen und Überernten 94
Vom Handel mit bedrohten Arten 105
Ursache: Lebensraumzerstörung und Umweltvergiftung 109
Schauplatz tropischer Regenwald 113

Fünftes Kapitel
Von unserer Selbstvertreibung aus dem Paradies –
die Folgen des Artensterbens 118

Nahrung in Gefahr 121
Prinzip *Topping-up* 124
Ungenutzte Chancen 130
Verschenkter Fortschritt 136
Vom Zusammenbruch der planetarischen Bordsysteme 139
Risiken für die Erdatmosphäre 143
Gefährdung der Süßwasservorräte 148
Wie ein Kartenhaus... 150

Sechstes Kapitel
Ist eine Umkehr noch möglich? 156
Zoologische und botanische Gärten 159
Genbanken 164
Reservate, Nationalparks, Schutzgebiete 166
Die ökologisch gestaltete Kulturlandschaft 171
Hausgärten, öffentliche Parkanlagen, Siedlungsbegrünung 181
Artenschutz für jedermann 184
Artenschutz allein genügt nicht 188
Aufgaben von Staat und Gesellschaft 198
Der Minotauruseffekt 201

Ausblick 206
Anmerkungen 210
Literatur 219

Meiner Frau Ilse
und meinen Kindern Gert und Jörn

Geleitwort

von Hubert Weinzierl

Im Gefüge der Erde ist die Art Mensch ausgebrochen. Ihre lawinenartige Übervermehrung hat - im Zusammenspiel mit alle Maßen jeglicher Vernunft sprengenden zivilisatorischen Technologie- und Hochrüstungseskapaden - einen brutalen Verdrängungskrieg gegenüber unseren Mitbewohnern ausgelöst, der in zehntausendfacher Verkürzung der Evolution abläuft.

In unserer Generation ist mehr an Artenfülle auf die Sterbeliste gerückt als in der gesamten Artgeschichte des Menschen zuvor: Mehr als ein Drittel aller Tiere und Pflanzen ist weltweit vom Aussterben bedroht und mit ihnen zerbrechen Lebensräume sowie Vielfalt und Stabilität von Lebensgemeinschaften. Hinzu kommt die mehr und mehr fortschreitende Flurbereinigung der Gene durch die biotechnische Manipulation an den Arten.

Vor allem die vielfältigen wissenschaftlichen Spielereien im Bereich der Biotechnik werfen Probleme völlig neuer Dimensionen für den herkömmlichen Artenschutz auf. Während wir uns bislang mit den Luxusgeschöpfen der Natur, mit Frauenschuh oder Eisvogel, mit Fischotter oder auch mit dem Menschen befaßt haben, ist künftig für die Bewahrung von Stabilität und Dynamik im Naturhaushalt nicht die Spitzenart das alleinige Problem, sondern viel mehr noch die Basis alles Lebendigen, welche Vielfalt und Wechselwirkungen gewährleistet. Wir brauchen also Schutzkonzepte und Schutzgebiete für das »Kleine«, für die Wirbellosen, die Einzeller, das Bodenleben und das Plankton. Wechselwirkungen und Lebensfluß sind nämlich nur aufrechtzuerhalten, indem wir den Lebensschutz auf der gesamten Fläche betreiben und uns nicht mit winzigen »Naturschutzinseln« in einem Meer voller Lebensfeindlichkeit abspeisen lassen.

Wenn wir wissen, daß in jeder Stunde eine Tier- und Pflanzenart ausstirbt - zu Dinosaurierzeiten hat es dazu 1000 Jahre gebraucht - und daß bis zum Jahr 2000 (also in 12 Jahren) 20 Prozent der heutigen Lebensfülle dahin sind, so beziehen sich auch diese Daten nur auf die Luxusartikel der Schöpfung, ohne die erwähnte Basis des Seins zu berücksichtigen.

Dieser ganzheitliche »Artenschutz für das Unsichtbare« ist nur mit einer Korrektur unserer Denkweise möglich. Die Natur als Wert »an sich« erkennen, sollte ein Merkmal jenes Lebewesens sein, das sich »Krone der Schöpfung« dünkt. Mein Hund weiß nicht, was ich wert bin, aber ich weiß, was er mir wert ist.

Der abendländische Kulturentwurf, der mittlerweile die ganze Erde im Griff hat, war nicht geeignet, Mensch und Schöpfung zu versöhnen, weil er eben einzig und allein den Menschen zum Maß der Dinge erhoben hat. Tragisch, wie in unseren Tagen gerade christliche Politiker die Eigenwert-Diskussion im Rahmen der Naturschutzgesetzgebung abgewürgt und das seit über 150 Jahren erfolglos geforderte »Recht der Wildnis« einmal mehr verraten haben.

Wie sagte doch Albert Schweitzer: »Wie die Hausfrau, die ihre Stube gescheuert hat, Sorge trägt, daß die Tür zu ist, damit ja der Hund nicht hereinkommt und das getane Werk durch die Spuren seiner Pfoten entstelle, also wachen die europäischen Denker darüber, daß ihnen keine Tiere in der Ethik herumlaufen.«

Artenschutz im Zeitalter von Strahlenmanipulation und Gentechnologie kann nicht mehr allein das Anliegen von Biologen sein. Da ist der Ethiker ebenso gefordert wie der Rechtswissenschaftler, dessen Instrumentarium bis heute ausschließlich anthropozentrisch festgelegt ist. Und wenn die politischen Parteien gerade um die Verankerung von Umweltschutz als Grundrecht oder Staatsziel im Grundgesetz der Bundesrepublik Deutschland oder in den Länderverfassungen diskutieren, so meinen sie dies selbstverständlich nur »in bezug auf den Menschen«. Ein katholischer Moraltheologe stellte kürzlich klar: »Tiere haben einen Selbstwert in Bezug auf den Menschen. Je näher zu uns sie stehen, desto größer ist ihr Selbstwert.«

Welch ein groteskes Weltbild! Man schlage im Linnéschen System nach, und schon ist der jeweilige Selbstwert von Mitgeschöpfen zu ermitteln. Dagegen noch einmal Albert Schweitzer: »Ethik«, meinte er, »ist ins Grenzenlose erweiterte Verantwortung gegen *alles*, was lebt . . .«

Weil wir, wie Bundespräsident Richard von Weizsäcker einmal sagte, »eben keine zweite Arche Noah haben«, sollten wir an der Schwelle der fünften Milliarde Menschen über einen zärtlicheren Kulturentwurf nachdenken, in dem das »Leben zum Maß aller Dinge« erhoben wird.

Wir haben ja festgestellt, daß einige Entwicklungen der letzten Jahrzehnte die räumlichen, zeitlichen und vor allem die seelischen Kapazitäten des Menschen völlig überfordert haben. Ich erinnere an die Langzeitdimension der Atomspaltung, an die schleichende Chemisierung der Welt, an die Manipulation der Gene, an die Störung des Erdklimas, an den Schritt in den Weltraum.

Eine »Politik für das Leben« sollte Sorge dafür tragen, daß wir endlich einmal den Atem anhalten, damit unsere geistige Entwicklung, damit vor allem unsere Seele nachkommt.

Das verlangt in der Politik den Mut, einige Großstrukturen – etwa in der Energiepolitik, im Verkehrswesen, in der Landwirtschaft – völlig in Frage zu stellen. Und es bedeutet in der Wissenschaft den Mut zu einem Moratorium in allen Bereichen, in denen wir die Folgen von Technologien noch nicht abschätzen können. Wir brauchen nicht alles zu wissen, wir dürfen nicht alles können . . .

Und der so gerne zitierte »anerkannte Wissenschaftler«? Was für ein Übermensch ist denn das? Wer hat ihn denn anerkannt?

Mir scheint heute der bekennende Wissenschaftler gefragt, der den Elfenbeinturm verläßt und sich mit uns vor die sterbende Tanne, vor Laubfrösche, vor Kinder mit Erkrankungen der Atemwege oder vor genmanipulierte Milchkühe stellt. Ich bekenne mich zu dieser Reihenfolge, weil der Einsatz für das Leben bekanntlich – und wie die Ausführungen der vorliegenden Arbeit aufzeigen werden – unteilbar ist.

Wir brauchen dieses Innehalten der Zeit auch zum Gegensteuern in der Politik. Herkömmliche Politik nämlich hat immer linear funktioniert, langsam, in kleinen Schritten. Und die politische Keimruhe neuer Ideen dauert nun einmal ein bis zwei Jahrzehnte. Jetzt aber eskalieren Naturabläufe und wir können diese exponentiellen Vorgänge nicht länger mit linearer Politik konterkarieren. Daher brauchen wir die Atempause.

Weil wir die Linde und den Feuersalamander schützen wollen, bevor sie aussterben, weil wir die Autobahn verhindern wollen, bevor das Moor verschüttet ist, weil wir die Wiederaufbereitungsanlage nicht erst nach dem nächsten Unfall in Frage stellen können ...

»Politik für das Leben« und ein »zärtlicherer Kulturentwurf« verlangen nach neuen Umgangsformen mit unseren Mitgeschöpfen. Wer aber könnte lieben, was er gar nicht kennt? Wenn es zutrifft, daß der deutsche Durchschnittsbürger noch sieben Tier- und fünf Pflanzenarten kennt, aber 19 Automarken, dann müssen wir auch über die Bildungspolitik nachdenken – denn Lebensschutz erfordert eine liebevolle Hinführung zum Lebendigen. Die Umwelterziehung muß ganz tief ansetzen, dort, wo sich in leuchtenden Kinderaugen das duftende Veilchen und die hilflose Erdkröte widerspiegeln.

Ein zärtlicherer Kulturentwurf verlangt den Abschied vom abendländisch-römischen Rechtsverständnis, daß alles nichtmenschliche Leben Sache, Ware, Verfügungsmasse für den Menschen sei.

Wir werden dieses »Recht der Wildnis« einklagen. Wir werden nach dem Recht derer fragen, die nicht an den Verhandlungstischen sitzen können, an denen die Zukunft verschachert wird.

Wir werden die Eigenwert-Diskussion von Tieren und Pflanzen heftig beleben, und wir werden keine Ruhe geben, bis Umweltverträglichkeitsprüfung und Technologiefolgenabschätzung rechtlich normiert sind.

Und wir fordern auch, daß im Sinne dieses neuen Kulturentwurfes die Umweltverträglichkeit nicht wieder nur »im Bezug auf den Menschen«, sondern im Sinne einer Schöpfungsverträglichkeit gesehen wird. Gerade hier muß der Mensch schleunigst einen ersten wichtigen Schritt zum Friedensschluß mit der Schöpfung gehen, indem er die Übervermehrung seiner Art - letztlich die Ursache aller ökologischen Krisen - eindämmt.

Vorwort

Die Vorstellung, der Mensch - aberwitzigerweise bezeichnet er sich immerhin selbst als Homo sapiens - dürfe vollkommen frei, nach seinem Belieben und ohne Rücksicht auf das Leben anderer Wesen über die Erde verfügen, nur weil er die Macht und das intellektuelle Vermögen dazu hat, ist in unseren Hirnen und Herzen schon seit Jahrtausenden tief eingewurzelt.

Vor allem mit Hilfe der verschiedenen religiösen Wertvorstellungen, die wir uns zur Lebensbewältigung zurechtgelegt haben, verfestigten wir in uns ein Weltbild, wonach der Mensch auf der Erde im Mittelpunkt steht und sein Leben dem unserer Mitgeschöpfe, der Pflanzen und Tiere, übergeordnet ist. Das Wunder des Lebens - im Plan der Natur und im Gang der Evolution nur als Einheit begreifbar - haben wir aufgespalten in das Leben des *Menschen* und das der *Kreatur*.

Gleichzeitig und geradezu zwangsläufig konsequent haben wir mit fortschreitender Zivilisierung die in früheren Zeiten unserer Entwicklung uns durchaus gegenwärtige Erkenntnis, daß wir uns diese Erde mit anderen Geschöpfen zu teilen haben und von diesen in unserer irdischen Existenz sogar in hohem Grade abhängig sind, immer mehr zurückgedrängt, bis wir schließlich angefangen haben, sie völlig zu ignorieren.

Die Natur, ihre Vielgestaltigkeit und ihre Arten, die Pflanzen und Tiere, sind in unserem hochzivilisierten Leben zur bloßen Kulisse geworden, vor deren Hintergrund wir wichtigtuerisch und blind für das Ganze unsere menschlichen - intraspezifischen - Lebensgeschäfte betreiben. Entsprechend dürftig ist daher auch unser Wissen über das Leben anderer Arten und über den Lebensraum Erde. Gerade ein Siebtel der auf dem Land lebenden

Arten kennen wir, und das nur flüchtig. Der größte zusammenhängende Teil der Erdoberfläche, die Meere, ist uns noch fast völlig unbekannt.

Ganz in dieser Denktradition verfangen, befassen wir uns hauptsächlich mit den rein menschlichen Kümmernissen, Sorgen, Freuden und Lebenszielen und vernachlässigen bereits in den Schulen in erschreckender Weise die Dinge, von denen unser irdisches Leben in erster Linie abhängt.

Was bedeuten uns schon die existentiellen Bedrängnisse von Blumen, Gräsern und Kräutern im Vergleich zur Notwendigkeit, sich in der Arbeitswelt durchkämpfen zu müssen, im Vergleich zum neuen Auto, zu Pelzmantel, Skiausrüstung oder Surfbrett, zu Urlaub in Übersee oder zu Sport und Freizeitvergnügen? Was kümmert uns schon das Plattwalzen von unberührten Landschaften, Sumpfgebieten und Waldregionen angesichts der politischen Realitäten des Weltmarktes, die nach wachsenden Industrieanlagen, Kraftwerken aller Art, Flugplätzen und gigantischen Straßenbauprojekten verlangen? Was sind schon zwei oder drei aussterbende Tier- oder Pflanzenarten im Vergleich zum sensationellen Weltspektakel der Olympischen Spiele?

Immer stehen die auf den Menschen und seine Bedürfnisse bezogenen Ansprüche im Vordergrund. Die Natur existiert und interessiert nur insoweit, als diese Ansprüche noch Spielräume lassen.

Viele von uns - die Städter hauptsächlich - haben sogar schon vergessen, daß eine so elementare Grundlage unseres Lebens wie die Ernährung vollkommen und ausschließlich vom Wachstum der Pflanzen auf Wiesen und Ackerfluren abhängt.

In unserem Umgang mit der Natur verhalten wir uns wie ein Schachspieler, der sich zu sehr auf Weiß konzentriert und wegen dieser Fixierung auf die eigene Seite gar nicht merkt, daß Schwarz längst dabei ist, zum »Schach matt« anzusetzen.

Gegenwärtig nämlich erlebt die Menschheit, ohne daß wir es sonderlich beachten würden, den umfassendsten Ausrottungsschub von Tier- und Pflanzenarten, den es, seit die Erde besteht, jemals gegeben hat. Dieser wird sich in der nahen und ferneren

Zukunft noch erheblich beschleunigen und in den kommenden zwanzig Jahren zum Verlust von bis zu einem Fünftel der Arten der Erde führen. Ein Massenaussterben von unvorstellbaren Dimensionen und mit kaum abschätzbaren Folgen ist im Gange.

Auch wenn dieser sogenannte Faunenschnitt heute selbst in der ökologischen Fachdiskussion über vielfältigen anderen spektakulären Umweltveränderungen und -katastrophen noch zu wenig beachtet wird, liegt gerade in ihm die vermutlich folgenreichste Bedrohung für den Menschen und seine Zukunft.

Das Aussterben einer Art bedeutet nämlich in den meisten Fällen nicht lediglich, daß es eben diese Art für alle Zeiten auf der Erde nicht mehr gibt. Sondern nicht selten löst es ganz unerwartete und unvorhersehbare Kettenreaktionen und Dominoeffekte aus mit nicht mehr kontrollierbaren Folgen für die Ökosysteme und das planetarische Naturganze. Zumindest müssen wir damit rechnen.

Mit der vorliegenden Arbeit möchte ich auf die Bedeutung des weltweiten Artensterbens für unser Leben und unsere Zukunft aufmerksam machen. Dabei versuche ich, einerseits zunächst die Dimensionen, Ursachen und Hintergründe dieses Problems umfassend und allgemein verständlich aufzuzeigen und schließlich auf die unvorstellbaren Gefährdungen hinzuweisen, denen sich der Mensch mit der Verdrängung seiner Mitgeschöpfe aussetzt. Immerhin ist es wahrscheinlich, daß er allein durch die Artenvernichtung in solchen Größenordnungen seiner eigenen Existenz als zivilisiertes Wesen ein jähes und unerwartetes Ende setzen wird, ganz unabhängig davon, ob er seine heutigen schwierigen Gegenwartsprobleme und Machtkalküle in Politik, Wirtschaft und Arbeitswelt gelöst haben wird oder nicht.

Die Abhandlung dieser Fragen ist nicht ohne ein Eindringen in wichtige biologische Zusammenhänge und ohne den Rekurs auf grundsätzliche evolutionstheoretische Grundfragen möglich. Diese werden vor allem im zweiten Kapitel gestrafft, vereinfacht und überblicksweise angesprochen.

Es liegt nicht in meiner Absicht, das Artensterben mit seiner verwirrenden Fülle von Einzelbeispielen bis ins Detail zu belegen oder bei möglichst vielen Arten den oft nur schwer aufweisbaren Prozeß in die Bestandsgefährdung zu protokollieren. Vielmehr geht es mir darum, das Phänomen des Artensterbens als einen Vorgang begreiflich zu machen, der komplexe und häufig unüberschaubare, meist als »politische Sachzwänge« deklarierte Ursachen hat. Diese bewirken nicht selten vielschichtige Eingriffe in sensible und zerbrechliche, vom Menschen prinzipiell nicht steuerbare Natursysteme, von denen er in seiner Lebensexistenz weit mehr abhängt als von den industriellen und technischen Errungenschaften des sogenannten Fortschritts.

Die Diskussion der möglichen Wege aus dieser noch kaum wahrgenommenen Weltkrisensituation beschränkt sich bewußt auf einzelne lebenspraktische und politische Aspekte des Problems und verzichtet vollkommen auf fundamentalistische Theoretisierung oder philosophische Grundlagendiskussionen.

Ich habe mich im übrigen sehr darum bemüht, den heute weit verbreiteten, nicht ungefährlichen Versuchungen zu Optimismus, verantwortungsloser Sorglosigkeit und naiven Fortschrittshoffnungen zu widerstehen. Mag sein, daß ich mich damit im Urteil vieler in die Gruppe der pessimistischen Panikmacher einreihe, denn in dieses Risiko begibt sich in unserer Gesellschaft beinahe jeder, der nicht den irrealen, phantastischen Träumereien des Zeitgeistes anhängt. Naturwissenschaftlich orientierter Realismus ist heute - zumindest wenn es um ökologische Fragen geht - zu einem Wagnis geworden. Aber eben dieser Realismus zwingt zu dem Eingeständnis, daß derjenige, der heute noch hofft, dies gegen jede Vernunft tut.

Aber gewiß hat natürlich auch diese Hoffnung ihren Sinn.

Es gibt viele Freunde, Bekannte, Kollegen und Gesprächspartner, die als Mitstreiter, als verständnisvolle und kritische Zuhörer oder als Diskussionsteilnehmer und Vortragsbesucher mit wichtigen Denkanstößen, Einwänden und Hinweisen an der Entstehung dieses Buches mitgewirkt haben. Ihnen sei an dieser Stelle von ganzem Herzen gedankt.

Mein besonderer Dank gebührt den Mitgliedern meiner Familie, denn sie haben über einen doch sehr langen Zeitraum hinweg häufig fast vollkommen auf den oft so wichtigen Beistand in den Alltäglichkeiten unseres Lebens verzichten müssen.

Für seine großzügige Unterstützung und vor allem für die hilfreiche moralische Ermunterung danke ich auch meinem langjährigen, treuen Freund Albert Schneider.

Friesenried, im Sommer 1988 Dieter Wehnert

Erstes Kapitel

Vom Artentod zum Artenmord

»Winzig ist also das Augenblickchen, in dem ein jeder ist, winzig auch das Erdenfleckchen, wo er ist. Winzig auch der längste Nachruhm, der dazu nur von der Überlieferung der Menschen lebt, die schon morgen sterben werden und nicht einmal sich selber kennen, geschweige denn einen Menschen, der schon lange tot ist.«

Marc Aurel (v. 161–169 n. Chr. römischer Kaiser)[1]

Alles irdische Leben unterliegt den Gesetzen des Geborenwerdens oder Entstehens, des Wachsens, der artgebundenen Lebensbewältigung und des Vergehens. Zumindest alle höher organisierten Lebewesen, Pflanzen, Tiere und natürlich auch der Mensch, erleiden oder erleben - das ist durchaus noch offen - früher oder später den individuellen Tod.

Der Tod ist in der Betrachtungsweise der westlichen Zivilisation der markanteste Punkt in der Vergänglichkeit des Lebens, obwohl rein biologisch gesehen das Aufgelöstwerden des Lebensorganismus nicht erst mit dem Tod anfängt und damit auch noch nicht unbedingt aufhört. Jede individuelle irdische Lebensexistenz lebt von und mit dieser Welt, nutzt sie für sich, freut sich an und in ihr, genießt sie und erlischt mit völliger Gewißheit nach einer bestimmten Lebenszeit, ohne irgendwelche wirklich bleibenden Spuren ihres Dagewesenseins auf der Erde zu hinterlassen. Besonders eindrucksvoll hat dies der römische Kaiser und Philosoph der Stoa Marc Aurel im zweiten nachchristlichen Jahrhundert in einem Zitat ausgedrückt, das diesem Kapitel einführend vorangestellt wurde.

Die Hinterlassenschaften unseres persönlichen Lebens und Wirkens verschwinden auf dieser Erde schnell wieder, ebenso wie die Spuren aller anderen Lebewesen, die sich mit uns diese Erde teilen.

Von der individuellen Existenz einer ganz bestimmten Tannenmeise, die vor 30000 oder 50000 Jahren gelebt hat, gibt es heute nicht die allergeringste Spur mehr. Sie war gekommen, hatte von und mit der Erde gelebt - sich genährt, geliebt, gelitten, gesorgt - und ist ohne jegliche Engramme ihres Dagewesenseins wieder vergangen.

Und trotzdem wissen wir ganz genau, daß es sie gegeben hat, denn sie hat in ihrem Leben das Grundmuster ihrer Art durch ihre Vermehrung sowie die Aufzucht und Hege von Jungen zwar nur eine einzige Generation weitergetragen, damit aber die Generationenkette in der Existenzgeschichte der Tannenmeisen nicht abreißen lassen - ein Vorgang, der in der rückblickenden Betrachtung der vielfältigen erdgeschichtlichen Ereignisse häufig genug auch eine bedeutende Leistung des Lebens, ein Ausdruck von Lebenskraft und ungebrochenem Überlebenswillen war.

Was von den Tannenmeisen sowie all den anderen Arten aus früheren Zeiten bis heute übriggeblieben ist, sind keine unmittelbaren Spuren ihres Lebens, sondern es sind die Tannenmeisen und all die anderen Arten von Pflanzen und Tieren, die heute, in unserer gegenwärtigen Zeit leben.

Noch eine andere Hinterlassenschaft früherer Lebensexistenzen wirkt bis in unsere jetzige Zeit hinein: Die gewesenen Individuen aller Arten haben durch ihre verschiedenen Lebensaktivitäten, eingebunden in größere Systeme der Natur, dazu beigetragen, die Erde und ihre Biosphäre als Lebensraum und funktionstüchtiges Ökosystem für die nachfolgenden Arten zu erhalten.

Die vorausgehenden Gedanken mögen hinreichend andeuten, daß der Tod eines einzelnen Individuums im artenreichen Lebensgefüge der Natur nichts Ungewöhnliches oder Bedeutendes ist, sondern vielmehr ein planmäßiger und notwendiger Vorgang wie die Geburt, so tragisch er für das betroffene Leben und für die Gemeinschaft, in die dieses Leben gestellt war, auch sein mag.

Gänzlich anders liegen die Dinge beim Aussterben einer Art. Wenn alle einzelnen Individuen einer Art - Tier oder Pflanze - wegsterben, ohne Nachkommen in irgendeiner Form (zum Beispiel als befruchtete Eizellen oder als konserviertes Genmaterial) zu hinterlassen, so daß das genetische Grundmuster dieser Art nicht mehr weitergegeben oder wiederhergestellt werden kann, verschwindet diese spezielle Form von Leben für alle Zeiten und ohne die Möglichkeit, sie selbst unter größten wissenschaftlichen oder technologischen Anstrengungen je wieder auf die Erde zurückzuholen.

Das ist schon deswegen ein so ungeheuerliches Ereignis, weil jede Art im unvorstellbar langen und ereignisreichen Prozeß der Ausfächerung des Lebens auf der Erde eine entwicklungsgeschichtliche Einmaligkeit darstellt. Jede Art hat sich nämlich als ganz spezielle Antwort auf eine historisch einzigartige Herausforderung der Natur meist zwangsläufig so entwickelt, wie sie geworden ist. Sie ist eine aus einer einmaligen Situation der Erdgeschichte heraus entstandene Spielart der Evolution und zeigt deshalb auch einmalige spezifische Eigenschaften, die es bei anderen Arten vorher nie gegeben hat und aus vielerlei Gründen auch nie wieder geben kann.[2]

Arten entwickeln sich weiter, sie fächern sich auf, und aus ihnen entstehen in natürlichen Prozessen und langen Zeiträumen neue Nachfolgearten. Stirbt jedoch eine Art durch menschliche Einwirkungen aus, wird auch dieser Vorgang unterbunden. Durch die Ausrottung einer Art verändert der Mensch also nicht nur die Welt, wie sie gegenwärtig ist, er beeinflußt auch die natürliche Fortentwicklung des Lebens auf der Erde und zwar nicht selten mit Rückwirkungen auf ihn selbst.

Das Sterben eines Individuums ist für die Natur ein »Routinevorgang«; das Auslöschen einer Art hingegen hat in aller Regel tiefgreifende Auswirkungen auf das vernetzte natürliche Lebensgefüge, in das diese Art eingebettet war, zumindest wenn es sich um eine Artauslöschung handelt, die durch den Menschen verursacht wurde.

Es verschwinden nämlich auch die Arten - ähnlich wie die

einzelnen Individuen - nach einer bestimmten »Durchlaufzeit« aus einem Ökosystem auf völlig natürliche Weise. Dieses Artensterben vollzieht sich jedoch eingebettet in den Prozeß der Evolution und in kosmischen Zeiträumen, die im Grunde weit außerhalb unseres Vorstellungsvermögens liegen.

Wenn es um die Betrachtung unserer menschlichen Lebenswelt geht, können wir dieses natürliche Artenschwinden getrost vernachlässigen, weil es in der Existenzspanne der Menschheit so gut wie gar keine Rolle spielt. Für den Menschen bleiben die natürlichen Existenzbedingungen auf der Erde immer gleich.

Die in ungeheuer großen erdgeschichtlichen Zeiträumen ablaufenden tiefgreifenden Entwicklungen der Evolution - zu deren Programm auch das Verschwinden von Arten gehört - lassen sich nämlich in unserer Lebenswelt kaum wahrnehmen und selbst anhand unzähliger fossiler Überreste aus frühesten Zeitaltern nur sehr bruchstückhaft wissenschaftlich deduzieren und beschreiben. 6000 Jahre aufgeschriebener menschlicher Kulturgeschichte machen innerhalb der Existenzgeschichte der Erde allenfalls einen winzigen Bruchteil einer Sekunde aus, auch wenn sie sich für uns als ein kaum mehr überschaubarer Fundus von Erfahrungen, Wissen und Leid darstellen.

Hingegen sind die durch den Menschen verursachten Veränderungen und Verwüstungen der Natur allein schon wegen ihres Ausmaßes und vor allem wegen der ungeheueren Geschwindigkeit, in denen sie sich vollziehen, von grundsätzlich anderer Qualität als die beinahe unbemerkt ablaufenden dynamischen Prozesse des Weltgeschehens.

Natürliches Artensterben und vom Menschen verursachte Artenausrottung müssen also als grundverschiedene Vorgänge angesehen werden, ausgelöst durch grundverschiedene Ursachen und mit gänzlich andersartigen Folgen für das Leben der Menschen auf der Erde wie auch für den Fortgang der Evolution.

Dies muß vor allem deshalb hervorgehoben werden, weil es gerade heute leider auch in Fachkreisen zunehmend in Mode kommt, sich mit dem Hinweis auf die ohnehin nachgewiesene Vergänglichkeit aller Lebewesen elegant und fatalistisch aus der

Verantwortung für die Gegenwart und die Zukunft der Menschen wegzuakademisieren. Die Vorstellung, daß alle Lebewesen und alle Arten der Erde, also auch die Menschen, nach dem Plan der Evolution mit Gewißheit einmal aufhören werden zu existieren, ist interessant, beachtenswert und in vielen Lebenssituationen sicherlich auch hilfreich. Sie kann uns aber nicht von unserer ethischen und politischen Verantwortung für uns und unsere Folgegenerationen entbinden, so wie beispielsweise auch das Wissen um die Augenblickserscheinung unserer eigenen Existenz uns nicht der Verantwortung für unser Leben, unsere Familie, unsere gesellschaftlichen und politischen Pflichten enthebt.

Das Hinwegsterben einer Tier- oder Pflanzenart ist, wie noch zu zeigen sein wird, ein herausragender welthistorischer Vorgang und von ganz anderer Qualität und Tragweite als die allermeisten historischen oder politischen Ereignisse unserer Menschheitsgeschichte. Während nämlich viele unserer hausgemachten Menschheitskatastrophen nicht notwendig die Lebensgrundlagen und Lebensverhältnisse kommender Generationen nachwirkend mitgestaltet haben oder mitgestalten, bleibt die Welt nach dem Aussterben eines Käfers, Vogels oder Schmetterlings nicht mehr dieselbe - auch und gerade für die Menschen nicht.

Millionen kühner Heldentode, die die Menschen zur Lösung ihrer vielen, vermeintlich wichtigen Probleme immer wieder glaubten sterben zu müssen, haben für die Lebensverhältnisse späterer Generationen im Grunde höchst selten Wesentliches bewirkt und kaum etwas bedeutend verändert. Von keiner der bisher auf der Erde ausgestorbenen Tier- oder Pflanzenart hingegen läßt sich dies heute mit der gleichen Gewißheit behaupten.

Sicher gibt es keinen geschichtsleeren Raum. Die Wurzeln unserer Vergangenheit beeinflussen unsere ganz alltäglichen Lebensgewohnheiten, unsere gesellschaftliche, soziale und politische Kultur sowie die Formen unseres globalen Zusammenlebens weit mehr als wir uns dessen bewußt sind. Immerhin aber bleibt uns Menschen die - zumindest theoretische - Möglichkeit, auch die für uns bedrohlichen geschichtlichen Hinterlassenschaften mit politischer Umsichtigkeit so zu lösen, daß sie für unsere

Folgegenerationen schlicht und einfach nur zur Geschichte werden, die sie nicht mehr zu belasten braucht; mit anderen Worten: Unsere geschichtlichen und politischen Fehler sind - wenn meist auch nur sehr schwer - reparabel. Und schließlich kann und wird das Vergangene irgendwann einmal sogar völlig der Vergessenheit anheimfallen, wie es Marc Aurel in seiner Lebensphilosophie beschreibt. Der Wind geht allezeit über das Land!

Das Aussterben von Arten dagegen verändert die Erde nachhaltig, häufig für immer und irreversibel. Anschaulich belegen dies zahlreiche ökologische Katastrophen der Vergangenheit.

Das Erbe der Punischen Kriege – der entwaldete Apennin

Der erste der drei Punischen Kriege entflammte 264 v. Chr. zunächst als unscheinbarer lokaler Konflikt um die Stadt Messina auf Sizilien. Bald verwickelten sich jedoch auch die beiden damals bestimmenden Mächte im Bereich der Meerenge von Sizilien, Rom und Karthago, in militärische Auseinandersetzungen. Der Krieg weitete sich zu einem Kampf um Sizilien und schließlich um die politische und wirtschaftliche Vormachtstellung im gesamten Bereich des westlichen Mittelmeeres aus. Die beiden verfeindeten Parteien erkannten sehr schnell, daß es in diesem Krieg um das Fortbestehen ihrer Staaten, um Überleben oder Untergehen, ging und führten ihn mit unerbittlicher Grausamkeit und mit unvorstellbaren Opfern für alle Schichten der Bevölkerung.

Die traditionelle Landmacht Rom setzte alle nur möglichen Mittel ein, um eine eigene Flotte, ohne die Karthago nicht zu besiegen war, buchstäblich aus dem Boden zu stampfen. Nach dem Muster eines gestrandeten karthagischen Kriegsschiffes baute man neben den klassischen Dreideckruderern auch Schiffe mit fünf Ruderreihen und fügte noch eine weitere Neuerung hinzu: schwenkbare Enterbrücken für den Kampf Mann gegen Mann.

Um die Mannschaften, italische Bauern ohne seefahrerische Erfahrung, möglichst schnell für den Kriegseinsatz vorzubereiten, übte man in den wenigen römischen Häfen auf Übungsgerüsten und Ruderbänken an Land.

In der Zwischenzeit waren Tausende von Sklaven und Kriegsgefangenen in Fällkolonnen eingesetzt, die Hänge des Apenningebirges zu entwalden. Tag und Nacht arbeiteten Holzfäller und Zimmerleute, um das Holz für die Flotte - vornehmlich Eichenholz - bereitzustellen. Ganze Berge von Balken wurden zurechtgehauen. Binnen kurzer Zeit hatte Rom über 500 Schiffe gebaut, eine Schiffbauleistung, die mit jedem modernen Flottenbauprojekt den Vergleich nicht zu scheuen braucht. Und der Einsatz schien sich für Rom zu lohnen.

Mit den Seegefechten von Mylae, Drepana und bei den Ägatischen Inseln, den größten Seeschlachten der Antike, entschied die Landmacht Rom mit wahrhaft heroischen Anstrengungen nach über zwanzigjährigem Ringen den ersten der drei Punischen Kriege für sich (241 v. Chr.).

Aber was blieb von den großartigen Siegen? Was wurde gewonnen? Was wurde auf der Erde bewegt? Allein auf dem Felde römischer Politik erschreckend wenig, denn schon zwei Jahrzehnte später flammte der Krieg wieder auf. Karthago versuchte in einem zweiten Waffengang seinen verlorenen politischen Einfluß über das westliche Mittelmeer wiederzuerlangen. Abermals überzogen Not, Kriegsleid, Verwüstung und Pestilenz Italien, bis schließlich nach dem letzten der drei Punischen Kriege im Jahre 146 v. Chr. Karthago restlos zerstört wurde.

Das Ergebnis der Kriege - um den Preis unvorstellbaren Leids, schrecklichen Sterbens namenlos vieler unschuldiger Menschen, gewaltiger Anstrengungen und Opfer und wahrhaft bewundernswerter technischer, organisatorisch-logistischer und strategischer Leistungen erkauft - war eine völlig veränderte geopolitische Lage im Mittelmeerraum. Ein Ringen um die Macht von solchen Ausmaßen mußte die Welt verändern, so könnte man glauben. Gibt es aber tatsächlich nennenswerte Konsequenzen aus diesen Kriegen, die auch auf unser gegenwärtiges Leben oder wenigstens auf das der Erben dieser beiden Völker noch irgendwelchen Einfluß haben? Haben sich all diese Schlachten auch aus unserer heutigen Sicht wirklich gelohnt?

Historiker mögen durchaus das eine oder andere unwesentliche Detail an den Tag fördern, in ihnen vielleicht sogar die Grundlegung des Römischen Reiches sehen und daraus wiederum vielfältige kulturelle Folgewirkungen für den Fortgang der abendländischen Geschichte und damit für unsere gegenwärtige Zeit ableiten. Trotzdem sind diese Kriege vom Standpunkt unserer Zeit aus betrachtet Gewesenes und ohne nachwirkende Bedeutung für die Zukunft. Der Wind geht allezeit über das Land.

Eine ganz wesentliche Spur, deren Folgen man entweder nicht vorhersehen konnte oder um der kurzzeitigen Vorteile willen bagatellisierte, haben die Kriege aber doch auch für unsere Gegenwart hinterlassen: die Entwaldung weiter Teile des Apennin. Der Kampf ums Überleben als Staat und Republik schien diese Maßnahme als Randerscheinung im großen vaterländischen Krieg ganz selbstverständlich zu rechtfertigen. Niemand vermochte vorauszusehen - oder wollte es gar -, daß die damit angerichtete Verwüstung der eigenen Heimat das einzige war, was späteren Generationen für alle Zeiten von den Punischen Kriegen bleiben sollte.

Solange nämlich die Höhenzüge des Apennin mit gesunden Eichen- und Zedernwäldern überwuchert waren, konnte deren dichtes Wurzelgeflecht eingebettet in eine fruchtbare Humusschicht in Zeiten hoher Niederschläge wie ein Schwamm das Regenwasser aufnehmen und in sich speichern, um es nur langsam wieder in Bächen und Rinnsalen an die Täler abzugeben. Die Transpiration durch das Blattgrün der Bäume und Pflanzen regulierte den Feuchtigkeitshaushalt der Luft und bewirkte ein gesundes regionales Klima.

Die Abholzung der Wälder machte die Böden schutzlos gegenüber den Einwirkungen des Wetters. Die Hitze trocknete die Böden aus. Regengüsse spülten im Verlauf weniger Jahrhunderte die fruchtbare Erde, die in einem Prozeß von Jahrtausenden entstanden war, ins Meer. Was der Regen übrigließ, trug der Wind fort, bis der kahle Fels hervorkam. Eine vertrocknete, unfruchtbare Mondlandschaft ist schließlich das Ergebnis solcher gewaltsamer Eingriffe in ursprüngliche Paradiese der Natur. Dort, wo trotz schwindender Bodenkrume noch spärliche Vegetation aufkam, wurde sie durch Abweidung alsbald wieder zerstört, so daß die Waldrodung zuletzt »nichts anderes übrigließ, als das nackte Skelett einer Landschaft« (Platon).

Alle bisherigen Bemühungen der italienischen Regierung, der immer noch fortschreitenden Bodenerosion durch kostspielige Aufforstungsprojekte Einhalt zu gebieten, scheiterten an der Armut der Menschen. Ihre soziale Situation läßt ihnen keinen anderen Ausweg: Sie benutzen die schützenden Aufforstungszonen als Weidegebiete für ihre Ziegen, um auf diese Weise wenigstens die schlimmste Armut und den schlimmsten Hunger lindern zu können. Damit aber ist sichergestellt, daß die Bodenerosion (Abtragung der Humusschicht) immer weiter und auch immer schneller voranschreitet.

Was während der Punischen Kriege auf dem Apennin geschah, vollzog sich nach dem jeweils gleichen Muster in beinahe allen Mittelmeerländern. In Griechenland sind heute nur noch wenige Prozent der ursprünglichen Waldbedeckung übriggeblieben. Sizilien und Nordafrika, die früheren Kornkammern Roms, sind zu Wüsten geworden, die ehemaligen Paradiese von Spanien und Portugal gehören heute zu den ärmsten Regionen Europas. Überall sind die zerstörten Landschaften immerwährende traurige Hinterlassenschaften kurzsichtiger Politik, die momentaner Vorteile wegen auf diese Weise langfristig ihren eigenen Untergang programmierte. Parallelen zur Gegenwart drängen sich buchstäblich auf:

Wohlstand, Geldwertstabilität, Fortschritt, wirtschaftliches Wachstum, konsumorientierter Lebensstil sind – so scheint es – der kurzzeitige und fragwürdige Gewinn, der es unserer Meinung nach rechtfertigt, den Planeten auszuplündern, zu verwüsten, zu verelenden und ihn für alle Zeiten seiner überlebenswichtigen Artenvielfalt zu berauben.

Wiegen aber so kurzsichtige Vorteile in der Politik, die ohnehin nur einem kleinen Teil der Menschheit zugute kommen, so schwerwiegende Naturzerstörungen auf, unter deren Folgen die Menschen über lange Generationen oder sogar für alle zukünftigen Zeiten zu leiden haben werden?

Ist es ethisch überhaupt zu verantworten, wenn zur Lösung momentaner »Notlagen«, die zum großen Teil ja lediglich organisatorische Umverteilungsprobleme sind, die Substanz unserer Erde so tiefgreifend angetastet wird, daß der größere Teil der mit uns lebenden Menschen in der Dritten Welt und alle folgenden Generationen mit einer Hypothek belastet werden, die sie nie abtragen können?

Und schließlich: Verhalten wir uns nicht auch so wie die Machthaber im antiken Rom? Erkaufen wir nicht ebenso unsere vielen kleinen schnellen Siege für die Gegenwart um den Preis unseres damit programmierten Untergangs?

Wir tun es, allerdings mit einem Unterschied: Während die Römer die Folgen ihres Verhaltens vielleicht nicht klar vorhersehen konnten, liegen für uns die ökologischen Konsequenzen unseres Tuns auf der Hand - klar wie die Naturgesetze und düster und schrecklich.

Wir werden lernen müssen, den Begriff Verantwortung in der Politik mit neuen und anderen Meßlatten und Vergleichsmaßstäben auszuloten.

Zweites Kapitel

Von der Vielfalt der Arten – Eckdaten der Evolution

Das ganze Ausmaß der durch das Artensterben hervorgerufenen Bedrohung für die Natur, unseren Planeten sowie für die Fortexistenz des Menschen läßt sich erst dann einigermaßen abschätzen, wenn man sich vergegenwärtigt,

- in welchen Dimensionen es im Verhältnis zur gesamten Artenfülle der Erde voraussichtlich ablaufen wird,

und darüber hinaus in Betracht zieht,

- welche Regionen, Ökosysteme und Bereiche aus dem Gesamtspektrum der Arten der Erde hauptsächlich davon betroffen sind.

Bloße zahlenmäßige Fixierungen vermitteln ein noch unfertiges und verzerrtes Bild, weil die verschiedenen Arten ganz unterschiedliche Funktionen und damit eine sehr unterschiedliche Bedeutung innerhalb ihrer komplexen Ökosysteme haben. Der Wegfall eines unscheinbaren Krauts kann für das Gesamtsystem oft verhängnisvollere Auswirkungen und Spätfolgen haben als das vielleicht oberflächlich betrachtet spektakulärere Verschwinden eines Insekts, Vogels oder Kleinsäugers.

Es gibt beispielsweise Arten, die Endglieder einer Nahrungskette sind und deshalb weniger wichtig erscheinen als solche, die Zwischenglieder bilden oder sogar die Nahrungsbasis für ein ganzes Spektrum von Arten, wie unsere Feldmaus. Andererseits wäre es aber unzureichend, den Stellenwert einer Art innerhalb eines Ökosystems allein unter dem Gesichtspunkt des Fressens und Gefressenwerdens zu bemessen; häufig spielen auch andere Faktoren eine wichtige Rolle. Es gibt zahlreiche Arten, die sich ohne andere Träger- oder Helferarten nicht ausbreiten, vermehren oder artgerecht entfalten können.

Zum Verständnis des Stellenwertes des Artenschwindens und der Artenschutzproblematik ist es daher unerläßlich, zunächst einmal einige grundlegende evolutionstheoretische Fragen zu klären:

- Wieviele Arten leben überhaupt auf der Erde?
- Wie verteilen sie sich auf die unterschiedlichen Regionen, Landschaften, Lebensräume und Ökosysteme der Erde?
- Wie sind sie wechselseitig aufeinander angewiesen? Wie hängen sie voneinander ab? Wie bedingen sie sich in ihren Lebensgrundlagen gegenseitig?

Einige dieser Fragen sollen in der folgenden evolutionsgeschichtlichen Grundinformation punktuell angesprochen werden. Diese Bemerkungen zielen jedoch nicht auf eine detaillierte systematische oder gar erschöpfende Darstellung der Lebensentwicklung auf der Erde. Auch eine eingehende Klärung biologischer Grundbegriffe kann in diesem Rahmen nicht gegeben werden. Vielmehr sollen allgemeine, ständig wiederkehrende Fachtermini aus der Evolutionslehre und die wesentlichsten Naturzusammenhänge, soweit sie zum Verständnis der Artenproblematik bedeutsam sind, kursorisch angesprochen werden. Der mit den ökologischen Zusammenhängen der Lebensentwicklung bereits näher vertraute Leser kann dieses ganze Kapitel getrost überschlagen.

Wie viele Arten gibt es auf der Welt?

Wie viele Arten gibt es auf der Erde? Der Blick auf eine beliebige noch verhältnismäßig naturnahe Kulturlandschaft irgendwo in unserem heimatlichen Umfeld könnte der Ausgangspunkt für solche Überlegungen sein. Wie viele Pflanzen und Tiere leben in ihr? - 10? - 100? - 500? - 1000?

Beinahe jede mitteleuropäische Landschaft ist eine ökologisch sehr reich gegliederte Region, Lebensraum für die verschiedensten Arten: für Wald-, Wiesen-, Sumpf-, Moor-, Wasser- und Bergpflanzen, für vielfältige Insekten, Vögel, Amphibien, Land- und Wassertiere, Fische, schließlich auch für unzählige Lebewesen im Boden: Würmer, Schnecken, Engerlinge, Pilze, Flechten, Moose, Bakterien und andere Mikroorganismen. Insgesamt gesehen dürfte es wohl kaum möglich sein, die Artenvielfalt allein dieses Landschaftstyps exakt zu bestimmen. Zu weit hat sich das Spektrum in Jahrmillionen ausgefächert. Allein eine Handvoll Erde enthält Millionen von Lebewesen, darunter unzählig viele verschiedenartige.

Dabei gehören unsere heimischen Landschaftsformen zu jenen Biotopen, die im Gegensatz zu Wattenmeeren, Korallenriffen oder tropischen Regenwaldregionen noch gar nicht zu den artenreichen gerechnet werden können.

Die gesamte belebte Natur besiedelt in einer schier unerschöpflich erscheinenden Formenfülle nahezu alle Gebiete unserer Erde von den extrem heißen Wüstenregionen bis hin zu den polaren Zonen. Ihre Artenvielfalt reicht von den mikroskopisch kleinen Bakterien und Viren bis zu den Riesenformen, wie den 4 Meter hohen und bis zu 4 Tonnen schweren Elefanten, den ca. 150 Tonnen wiegenden Blauwalen oder den über 100 Meter hohen Mammutbäumen.

Fachleute gehen davon aus, daß zu dem Zeitpunkt, zu dem der Mensch begann, die Erde zu besiedeln, 5–10 Millionen Arten auf dem Globus existierten. Die Zahl kann erheblich höher sein; es würde nicht überraschen, wenn es 20 Millionen Arten wären. Noch ist die Wissenschaft hier auf mehr oder weniger fundierte hypothetische Spekulationen angewiesen. Lediglich 1,5 Millionen Arten wurden bisher weltweit spezifiziert, nur ein ganz geringer Teil davon wissenschaftlich untersucht und katalogisiert. Ungefähr sechs von sieben Arten der Erde sind noch immer namenlos.[1]

Seit den Anfängen des Lebens auf der Erde vor rund 3,5 Milliarden Jahren hat die Evolution aber erheblich mehr Arten hervorgebracht. 95 bis 98% aller Lebensformen waren im Laufe der Evolutionsgeschichte schon längst wieder verschwunden, als der Mensch als neue Art begann, in Erscheinung zu treten. Das Aussterben von Arten ist demnach als natürlicher Anpassungsvorgang an sich ständig verändernde Umweltbedingungen auch ein wesentlicher Teil des Evolutionsprozesses selbst.

Allerdings unterlag es nicht dem Zufall und der Regellosigkeit, wenn sich eine Art im Kampf ums Überleben in ihrer Anpassungsdynamik erschöpfte und ausstarb. Vielmehr geschah dies eingebettet in das Evolutionskontinuum nach natürlichen Gesetzmäßigkeiten. Im Gegensatz dazu vollzieht sich die vom Menschen verursachte Artenauslöschung nicht nach dergestaltigen naturbedingten Auswahlkriterien.

Die natürliche Aussterberate scheint sich während der letzten Jahrmillionen sogar beschleunigt zu haben. Vor rund 5 Millionen Jahren dürfte es beispielsweise um ein Drittel mehr Vogelarten gegeben haben als heute. »Vor etwa 3 Millionen Jahren hatte eine Vogelart eine Artenlebenserwartung von 1½ Millionen Jahren. Am Ende des Pleistozoikum, vor weniger als 2 Millionen Jahren also, dürfte sie nur rund 40000 Jahre betragen haben.«[2]

Mit gleicher Wahrscheinlichkeit dürfte sich auch die Artenentwicklung beschleunigt haben. Die Ausfächerung einer Vogelart aus einer anderen vollzieht sich gegenwärtig offensichtlich viel schneller als in früheren Zeiten. Der Haussperling, der um 1850 in Nordamerika eingeschleppt wurde, hat bereits heute, nach 110 bis 130 Generationen, einige deutliche Unterarten hervorgebracht.

Aber selbst die sich offenbar beschleunigende, natürliche Aussterberate kann wegen der ungeheuren Zeiträume, in denen diese Prozesse ablaufen, mit der durch den Menschen verursachten Artenausrottung nicht im mindesten in Zusammenhang gebracht werden, denn die vom Menschen gemachte Artenausrottung vollzieht sich in einer so gewaltigen Größenordnung, daß das natürliche Aussterben im Vergleich dazu als vernachlässigbare Größe angesehen werden kann.

Die bei weitem artenreichste Landregion der Erde sind die tropischen Regenwälder. Obwohl sie inzwischen weit weniger als 40% der Landmasse der Erde und nur 12% der Erdoberfläche bedecken, enthalten sie doch eine größere Vielfalt von Arten und Artengemeinschaften als alle anderen Landvegetationszonen zusammen. Das auf einen Hektar entfallende Pflanzenmaterial kann ein Gewicht von 650 bis 1000 Tonnen haben. Dieses ungewöhnliche Wachstum beruht auf einer ganzen Reihe von Faktoren, wie zum Beispiel der hohen Menge von Licht, Wärme, Feuchtigkeit und dem Wegfall von Jahreszeiten, die ja regelmäßige ausgedehnte Ruheperioden des Wachstums bedingen.

Südostasien beispielsweise ist kleiner als Westeuropa, beherbergt aber nach vorsichtigen Schätzungen 25 000 Arten blühender Pflanzen, was 10% der Erdflora entspricht. Die malayische Halbinsel allein ist mit ihren 132 000 Quadratkilometern Lebensraum für 7900 Pflanzenarten, während Großbritannien, das fast doppelt so groß ist, nur 1430 Arten aufweist. Viele Arten der tropischen Wälder haben nur eine sehr kleinräumige Verbreitung - oft nur einige Quadratkilometer -, was sie gegen eine Ausrottung besonders anfällig macht.

Auf Barro Colorado Island, einer kleinen Insel im Panamakanal, gibt es rund sechsmal so viele Pflanzenarten wie in der ganzen Bundesrepublik. Nur 2,6 Quadratkilometer Wald in Costa Rica weisen doppelt so viele Vogelarten auf wie alle Laubwälder Nordamerikas zusammen - 269 Arten.[3]

Die tropischen Regenwälder weisen neben ihrem größeren Pflanzenreichtum auch eine größere Vielfalt von Tierarten auf. Man schätzt, daß auf jede Pflanzenart bis zu 30 Tierarten kommen. Das ergibt nach den verschiedenen Berechnungsmethoden für die Erde insgesamt 3 bis 9 Millionen Tierarten, von denen zwischen 2 bis 6,75 Millionen Arten in den Tropen leben.[4]

Die Frage, wie die Erde entstanden sein könnte, ist bis heute noch nicht restlos geklärt. Die Wissenschaft hat verschiedene, allerdings gut begründete Theorien entwickelt und findet mit fortschreitender Forschung immer wieder neue Antworten.

Ganz allgemein kann man als gesichert annehmen, daß die Erde vor 5 bis 6 Milliarden Jahren entstanden ist. Sie war zunächst - für unsere Zeitvorstellungen einen unfaßbar langen Zeitraum hindurch - ein öder Stern, d.h. ein Stern ohne jedes Leben. Ihre Oberfläche war ausschließlich von Meeren bedeckt, und über Jahrmillionen hat es auf der Erde nur geregnet. Später bildeten sich Urkontinentalschollen mit Landschaftsformen, die den heutigen Mondlandschaften in vieler Hinsicht vergleichbar sind. Sie bestanden aus Regionen von Felsgesteinen, Sandwüsten, Geröllfeldern und - im Gegensatz zum Mond - aus riesigen Eisflächen.

Auch die Frage nach den Ursprüngen des Lebens kann noch nicht eindeutig beantwortet werden. Die nachweisbar ältesten, einfachsten Urformen des Lebens, die Blaualgen, gab es bereits vor 3,5 Milliarden Jahren. Sicher wissen wir heute jedoch, daß die unübersehbar vielgestaltige Fülle der verschiedensten Lebewesen aus den mikroskopisch kleinen Einzellern entstanden ist.

Sie gelten neben den Viren als die kleinsten noch selbständig lebensfähigen, geordneten, individuellen Lebenseinheiten, die sich in einem Medium (Wasser, Luft, Körperorgan usw.) reproduzieren, d.h. vermehren können und die in aller Regel keine anderen lebenden Systeme mehr in sich enthalten. Die Einzeller sind zum Teil von einfacher Baustruktur und können häufig weder dem Tier- noch dem Pflanzenreich eindeutig zugeordnet werden. Meist bestehen sie aus Zellmembran, Zellplasma und dem Zellkern. Eindeutig pflanzliche Zellen haben außerdem auch eine Zellwand ausgebildet und enthalten Blattgrünkörner (Chloroplast) und eine Vakuole.

Es gibt keinen Einheitstyp der Zelle. Bereits die einzelligen Lebewesen weisen eine große Vielfalt auf und können sich in ihrer

Gen-Ausstattung beträchtlich von Einzellern anderer Ordnungen unterscheiden.

Zellen existieren sowohl als einzellige Lebewesen, die dann häufig in großen Zellverbänden zusammenleben, als auch als jeweils spezialisierte Bausteine in den Organismen höherer Lebensformen. »Atome bilden Moleküle, Moleküle bilden Makromoleküle, Makromoleküle bilden geordnete Zellstrukturen, Zellstrukturen bilden miteinander Zellen, Zellen bilden Gewebe, Gewebe bilden Organe, Organe bilden den Organismus, Organismen bilden Populationen, Populationen bilden eine Gesellschaft und Gesellschaften bevölkern unseren Planeten«, schreibt Joel des Rosnay anschaulich in seiner Einführung in die Molekularbiologie.[5]

Aus den Einzellern haben sich in kleinsten Schritten und in unvorstellbaren Zeiträumen die ungezählten Arten unserer Erde nach bisher nur teilweise erforschten Gesetzmäßigkeiten entwickelt. Den naturgeschichtlichen Prozeß der Artenausformung nennt man Evolution.

Die Evolutionsforschung versucht den Entwicklungsgang des Lebens zu interpretieren. So fragt sie beispielsweise nach den Gesetzmäßigkeiten, nach denen sich die Arten immer weitergehend verändert und verfeinert haben, warum und wie sie auf ständig wechselnde Herausforderungen und Veränderungen ihrer Lebensbedingungen und Umweltverhältnisse reagiert haben, warum sich verschiedenste Entwicklungsstufen bei der Entstehung der Arten schließlich als Irrwege erwiesen haben oder warum einzelne Arten auch wieder aussterben mußten.

Ganz allgemein könnte man den Entwicklungsgang des Lebens auf der Erde als ein Regelsystem betrachten, in dem sich das Leben in kosmischen Zeiträumen durch Artenausfächerung wie auch durch Artenauslöschung an die sich ständig verändernden Umweltbedingungen (Veränderungen der Lebensräume, des Klimas, der Nahrungsbasis usw.) angepaßt hat mit dem Ziel, fließende Gleichgewichtszustände in den jeweiligen Ökosystemen herzustellen, weil nur durch ein ausgewogenes Zusammenleben mit allen das eigene Überleben optimal gesichert ist.

Trotz der fortschreitenden Spezialisierung der Arten sind sie nicht zwangsläufig immer mehr geworden. Häufig genug ging die Natur in die Irre und brachte Spielarten hervor, die selbst minimalsten Veränderungen ihrer Lebensverhältnisse nicht standhalten konnten. So wird beispielsweise das Aussterben vieler Saurierarten zum Ende der Kreidezeit mit dem Auftreten größerer Temperaturschwankungen in Zusammenhang gebracht.

Bis zum Zeitalter des Perm, einer erdgeschichtlichen Epoche, die mehr als 230 Millionen Jahre zurückliegt, nahm das Artenspektrum stetig zu. Schließlich brach es jedoch mit dem Aussterben vieler Meeresorganismen auf spektakuläre Weise in sich zusammen. Danach wuchs die Artenfülle wieder an. Während der Kreidezeit vor 70 Millionen Jahren vollzog sich wiederum ein Massensterben unter den Arten, das für etwa ein Viertel aller Artenfamilien ein sich über lange Zeiträume erstreckendes Ausgelöschtwerden bedeutete. Auch die Dinosaurier und ihre Verwandten starben in dieser erdgeschichtlichen Epoche aus. Seitdem geht der natürliche Trend wieder in Richtung einer zunehmenden Artenvielfalt, zumindest wenn man den Faktor Mensch unberücksichtigt läßt.

Natürlich ist mit der Entwicklung des Menschen und seiner stetig wachsenden Verbreitung über den ganzen Erdball der Prozeß der Evolution nicht abgeschlossen. Er wird fortdauern, so lange die Erde besteht und Leben auf sich trägt. Auch der Mensch verschwindet, wie bereits erwähnt, im Fortgang der Evolution unter völlig natürlichen Bedingungen wieder, ohne daß er etwas dazutun müßte und ohne daß er es verhindern könnte. »Auch die Menschheit wird eines Tages von der Erdoberfläche verschwinden, wie das ausnahmslos Schicksal aller von der Evolution hervorgebrachten Arten ist. Auch sie muß aussterben. Die Frage ist allein, wann dieser Zeitpunkt kommen wird.«[6]

Viele neuere Befunde der Gentechnologie deuten allerdings darauf hin, daß der Mensch als intelligentes Wesen wahrscheinlich durchaus die Fähigkeit hätte, seine natürliche »Durchlaufzeit« auf der Erde mit Hilfe technologischer Mittel erheblich zu verlängern. So wie die Dinge liegen, scheint diese Aufgabe jedoch nie auf ihn zuzukommen, da er seine Intelligenz sehr erfolgversprechend darauf verwendet, seine irdische Existenz ganz wesentlich zu verkürzen.

Die ökologische Nische

Eine spezielle Form der Artenbildung ist das Prinzip der Einpassung der Lebewesen in ökologische Nischen.

Die meisten Arten haben sich auf die Nutzung eines eng eingegrenzten, genau festgelegten Lebensraumes spezialisiert und sich in ihrer körperlichen Entwicklung, ihrer gesamten Weltorientierung und Lebensweise optimal in eine solche ökologische Nische eingepaßt. Dadurch sind sie dem Konkurrenzdruck andersartiger und auch gleichartiger Rivalen ausgewichen, was ihnen in der Regel ihr Überleben gesichert hat. Diese Einpassung erfolgte in einem schrittweisen Prozeß, wie das Beispiel des Ibisvogels zeigt.

Vier verschiedene, aber nahe verwandte Außenparasiten aus der Gruppe der Federlinge (Mallophaga) haben sich auf jeweils bestimmte Gefiederpartien ihres Wirts, des Ibisvogels, spezialisiert. So lebt eine Art nur im Bereich von Kopf und Hals, eine andere nutzt die Brustpartie, eine weitere Art hat sich auf die Flügelbereiche spezialisiert, und wieder eine andere hat sich an das Leben im Bereich der Schwanzpartien angepaßt. Ihre Anpassung an ihre jeweils eingeschränkten Lebensräume ging so weit, daß sie sich auch äußerlich in Größe, Körperform, Beschaffenheit der Gliedmaßen, Saugwerkzeuge, Haftorgane usw. sehr stark unterscheiden und allein schon wegen dieser körperlichen Veränderungen in anderen Körperpartien des Ibisvogels nicht mehr überleben könnten. Damit haben sie sich einerseits zwar in ihrem Lebensraum stark eingeschränkt, andererseits sind sie auf diese Weise einem zu großen Konkurrenzdruck zu vieler Nahrungsrivalen ausgewichen. Aus einer ursprünglichen Stammform sind vier besser angepaßte und damit überlebensfähigere Unterarten entstanden.[7]

Man kann sich vorstellen, daß der gemeinsame Vorgänger der vier Parasiten gegenüber den später aufgekommenen und infolge optimaler Anpassung überlegenen Spezialisten in jeder der Nischen des Ibisvogels keine Überlebenschancen mehr hatte. Er war infolge zu großen Nahrungskonkurrenzdrucks zum Aussterben verurteilt. In einem solchen Falle ist die Art eigentlich nicht ausgestorben - sie lebt ja in vier ausgefächerten Unterarten weiter -, sondern durch Übergehen in eine andere Art verschwunden.

Die Tatsache, daß sich Lebewesen in ökologische Nischen einhausen, macht auch begreiflich, daß sie aussterben müssen, wenn ihre Nischen (z. B. Wirts- oder Schutzpflanzen und -tiere) aussterben und keine Ersatznischen zur Verfügung stehen. Die meisten unserer Baumarten enthalten ökologische Nischen für zahlreiche, nur auf sie spezialisierte Insektenarten, die ihrerseits wiederum Nahrung für viele Vögel sind. Die Fichte zum Beispiel bietet Lebensraum für viele verschiedenartige Vögel und deren Beutetiere: Insekten, Käfer, Raupen, Engerlinge, Larven, Würmer usw.

Specht und Baumläufer leben als Insektenfresser am Stamm, wobei der kleinere Baumläufer die Insekten in feinen Ritzen sucht, der Specht dagegen Bohrgänge aufhämmert. Der Fliegenschnäpper benutzt Baum und Astspitzen nur als Warte und erhebt sich zum Fang fliegender Insekten in die Luft. Das Goldhähnchen kann aufgrund seines geringen Gewichts an den äußersten Zweigspitzen nach Insekten jagen. Der Kreuzschnabel ist als Samenfresser auf die Zapfen der Nadelbäume spezialisiert. Die Drossel sucht ihre Nahrung (Würmer und Schnecken) vor allem am Boden.

Andererseits ist die Fichte als Anbieter solcher ökologischer Nischen darauf angewiesen, daß diese auch tatsächlich besetzt bleiben. Nur dadurch wird sie von einer zu großen Anzahl von Schädlingen frei gehalten. Hier deutet sich bereits an, wie man sich ein Ökosystem vorzustellen hat: Weil jeder leben will und damit auch jeder leben kann, braucht jeder jeden oder zumindest viele andere. Das Verschwinden eines Teiles in einem solchen Lebensgefüge kann das Ende aller anderen Teile des Systems zur Folge haben.

Feinste Einpassungen in genau festgelegte ökologische Nischen ermöglichen verschiedenen Arten die Koexistenz im gleichen Biotop. In einzelnen Regionen Europas leben beispielsweise bis zu sechs Meisenarten. Ihr Zusammenleben nebeneinander im gleichen Lebensraum ist nur möglich, weil sie geringe Unterschiede im Nahrungserwerb aufweisen. So sucht die Kohlmeise ihre Nahrung außerhalb der Brutzeit vielfach am Boden, die Blaumeise dagegen stets im Geäst. An den Bäumen sucht die schwerere Kohlmeise mehr in Stamm- und Astnähe, die leichtere Blaumeise mehr an den Zweigspitzen. Entsprechend haben sich auch die übrigen Arten in genau eingegrenzte Nischen eingehaust.

Ersatznischen

Die natürlichen ökologischen Nischen zahlreicher Tier- und Pflanzenarten sind heute durch mannigfache Umweltveränderungen bedroht, so zum Beispiel die Lebensräume von zahlreichen Vogel- und Fledermausarten, des sibirischen Tigers und verschiedener anderer Großkatzen. Die Lebensräume vieler Insekten- oder Vogelarten sind sogar bereits gänzlich verlorengegangen.

Einzelnen Arten war es möglich, in der vom Menschen veränderten Welt absichtlich geschaffene oder sich zufällig anbietende neue, künstliche Lebensräume anzunehmen. (Man nennt diese Arten Kulturfolger.) So nisten sich Tauben in Dachstühlen ein, Fledermäuse in Kirchturmgebälken, Spatzen unter Dachüberständen unserer Wohnhäuser, Stare in Nistkästen, Marder und Füchse sogar in Schlupfwinkeln unserer Großstädte, Ratten in Kanalisationssystemen, Mäuse in Hauskellern, Insekten in Mauerritzen. Sie haben dort neue Lebensräume gefunden, die gegenüber ihren natürlichen ökologischen Nischen weitestgehend gleichwertig oder manchmal sogar besser sind. Man nennt solche künstlich gestalteten oder auch unbeabsichtigt entstandenen Lebensräume Ersatznischen oder sekundäre Lebensräume.

Die natürlichen ökologischen Nischen vieler Fledermausarten sind, je nach Spezies, geschützte Baum-, Sand- oder Felshöhlen, Felsspalten, Baum- und Gesteinsüberhänge oder Klippenüberstände. Diese stehen in der von uns umgestalteten Kulturlandschaft und in unseren nach wirtschaftlichen Gesichtspunkten durchforsteten Wäldern immer weniger zur Verfügung. Die Fledermäuse wären deshalb vermutlich schon vor Jahrhunderten zunehmend verdrängt worden, wenn sie nicht im Gebälk unserer Kirchtürme mit ihren Schallöffnungen als Einflugwege ideale Ersatznischen vorgefunden hätten. Hier boten sich ihnen sogar so günstige Lebensbedingungen, daß sie - sehr zum Nutzen des Menschen - in populationsstarken Kolonien überleben konnten. Erst in unserer Zeit geraten sie in die Bestandsgefährdung, weil die Schallöffnungen der Kirchtürme immer häufiger gegen Taubeneinflug vergittert werden. Außerdem verlieren sie in den mit chemischen Holzschutzmitteln behandelten Dachstühlen ihre Nahrungsbasis, die Insekten.

In ähnlicher Weise können viele andere Tierarten nur noch dadurch überleben, daß der Mensch ihnen geeignete Ersatznischen zur Verfügung stellt: Nist- und Brutkästen für Sing- und Zugvögel, Hängeplätze für Fledermäuse, Futterplätze und Wildäcker für Großsäuger des Waldes, künstliche Teiche und Feuchtbiotope, Überwinterungsschlupfwinkel in den Hausgärten usw.

Zumindest in den Fällen, in denen die Erhaltung einer Art wesentlich vom Angebot solcher künstlicher Ersatznischen abhängt, ist die Überlebensbasis auch für die ferne Zukunft höchst unsicher. Die Art überlebt meist nur für eine absehbare Zeit; mit anderen Worten: Wenn Fledermäuse oder Meisen, die in unseren Wäldern schon seit Jahrmillionen ohne menschliche Hilfe unschwer überleben konnten, nun plötzlich zu ihrem Überleben - vielleicht für eine weitere Million Jahre - auf menschliche Hilfsmaßnahmen angewiesen sind (Bereitstellen von Nistkästen), dann hängt die Zukunft ihrer Art an einem ganz außerordentlich dünnen Faden.

Die Erhaltung von Arten durch die gezielte Bereitstellung von künstlichen Ersatznischen ist heute eine oft letzte und verzweifelte Schutzmaßnahme von Idealisten auf dem Gebiet des Naturschutzes. Sie kann in zahlreichen Fällen leider nicht mehr sein als eine Arterhaltungsmaßnahme auf Zeit. Wenn es nämlich nicht gelingt, für die zu schützende Art die natürlichen Lebensräume wiederherzustellen, wird sie über kurz oder lang aussterben, weil es sehr unwahrscheinlich ist, daß der Mensch für alle Zukunft kontinuierlich die entsprechenden Ersatznischen bereithalten wird.

Art und Rasse

Die Nutzung je verschiedener ökologischer Nischen ist häufig das einzige sichtbare Unterscheidungsmerkmal zwischen verschiedenen Arten. Es gibt zum Beispiel zahlreiche Vogelarten, die sich in Aussehen, Größe, Körperbau, Farbe, wechselndem Federkleid, Lebensweise und Verhalten so sehr gleichen, daß man sie kaum als Tiere verschiedener Arten identifizieren kann. Erst die genaue Kenntnis ihrer spezifischen Lebensräume gibt manchmal die entsprechenden Hinweise auf klare Artverschiedenheiten.

In der Tat lassen sich nicht selten nahe verwandte Arten nur durch feinste Unterschiede des Aussehens, der Nahrungsnutzung, des Verhaltens usw. unterscheiden. Dies wirft die Frage nach der Abgrenzung der Arten und nach entsprechenden eindeutigen Abgrenzungskriterien auf.

Sicher lassen sich Arten unschwer voneinander unterscheiden, wenn es darum geht, Hunde, Katzen, Mäuse, Fichten, Kakteen oder Gänseblümchen als jeweils eigene Art zu identifizieren. Komplizierter wird es, wenn man Singvogelarten oder innerhalb der Klasse der Vögel zum Beispiel verschiedene Entenarten auseinanderhalten will. Pilzsammler wissen ebenfalls sehr genau um die Schwierigkeiten, in Grenzfällen einen Fund selbst mit Hilfe einer Bildtafel oder einer umfassenden Beschreibung eindeutig zu erkennen. Und schließlich können heute viel weniger Menschen, als man gemeinhin vermuten würde, mit völliger Gewißheit einen Hausspatz bestimmen. Dies ist angesichts der Schwierigkeit der Aufgabe auch durchaus verständlich, denn gerade der Haussperling zeigt einerseits große Ähnlichkeiten mit anderen Sperlingsarten und andererseits - innerhalb der Art - beachtliche Verschiedenheiten im Federkleid des jugendlichen, weiblichen und männlichen Vogels.

Gelegentlich sind sich sogar Individuen verschiedener Arten erheblich ähnlicher als Individuen der gleichen Art, aber verschiedener Rassen. So ist die Frage, ob Tannenmeise, Kohlmeise und Blaumeise tatsächlich drei verschiedene Arten sind und nicht nur verschiedene Rassen, durchaus berechtigt, denn schließlich sind sie sich ähnlicher als beispielsweise Schäferhunde und Dackel, die aber eindeutig der einen Art der Hunde zugerechnet werden können. Sie gehören lediglich verschiedenen Rassen an.

Der Artbegriff ist in der Biologie noch nicht allgemeingültig festgelegt worden; wahrscheinlich deswegen, weil jede Definition jeweils andere spezielle Abgrenzungsprobleme und Ausnahmefestlegungen nach sich zieht.

Weiteste Anerkennung haben Festlegungen gefunden, die die nachfolgenden Kriterien berücksichtigen. Danach besteht eine Art aus der Gesamtheit all der Individuen,

- die in allen wesentlichen Merkmalen untereinander und mit ihren Nachkommen übereinstimmen
- die sich miteinander fortpflanzen können und gleiche fortpflanzungsfähige Nachkommen zeugen
- die sich in aller Regel unter natürlichen Bedingungen mit Individuen einer anderen Art nicht kreuzen und im Ausnahmefall keine fortpflanzungsfähigen Nachkommen hervorbringen

und

- die die gleichen ökologischen Nischen besetzt halten.

Danach ist eine Art hauptsächlich als eine Fortpflanzungsgemeinschaft definiert. Angehörige verschiedener Arten kreuzen sich unter natürlichen Bedingungen nicht oder nur sehr selten. Auch zwischen Kohlmeise, Blaumeise und Tannenmeise findet keine Vermischung statt. Sie sind deshalb als jeweils verschiedene Tierarten anzusehen, wenngleich sie der gleichen aus etwa 50 Arten bestehenden und über fast die gesamten Landmassen der Erde verbreiteten Familiengruppe der Meisen angehören.

Schäferhund und Dackel dagegen können sich durchaus kreuzen. Sie gehören zur gleichen Art und sind lediglich Vertreter grundverschiedener Rassen.

Die Biologie kennt inzwischen einige der verschiedenen Isolationsmechanismen, durch die in der Natur eine konsistente Vermischung - Bastardierung - sehr ähnlicher Arten ausgeschlossen wird. So gibt es beispielsweise ganz bestimmte, für die jeweilige Art eindeutig nachweisbare, geruchsgesteuerte, optische, akustische oder verhaltensmechanische Paarungsrituale, die eine Kopulation auslösen oder gegebenenfalls verhindern (progame Isolationsmechanismen).

Andererseits sorgen bestimmte metagame Isolationsmechanismen im Falle einer ausnahmsweise erfolgten Paarung dafür, daß die entstandenen Bastarde im Kampf ums Dasein entweder keine Überlebenschancen haben (Fleckfarbigkeit, Konkurrenzunterlegenheit usw.) oder ihrerseits nicht fortpflanzungsfähig sind.[8]

Arten gliedern sich häufig in verschiedene Rassen, vor allem wenn sie über weite Gebiete verbreitet sind und/oder in mehrere geographisch mehr oder minder getrennte Populationen zerlegt sind. Unterschiedliche Umweltfaktoren wie Klima, vorherrschende Farbe des Lebensraumes, Nahrungsangebot, ausgeprägter Jahreszeitenwechsel usw. begünstigen die Herausbildung unterschiedlicher Merkmale. Bleiben diese im Erbgang erhalten, spricht man von einer eigenen Rasse (Polarwolf, Steppenwolf, europäischer Wolf).

Im Gegensatz zu den Arten verbastardieren Rassen dort, wo sie miteinander in Berührung kommen, und bilden eine Bastardierungszone. Die schwarze Rabenkrähe und die graue Nebelkrähe sind zwei sich geographisch ausschließende Rassen. Während die Rabenkrähe in ganz Westeuropa verbreitet ist, kommt die Nebelkrähe ausschließlich in Osteuropa vor. Dort, wo die Verbreitungsgebiete aneinandergrenzen, beispielsweise im Osten Deutschlands, bildet sich eine schmale Bastardierungszone. Die Bastarde zeigen eine grau-schwarze Färbung.

Die Grenzen zwischen Art und Rasse können häufig sehr fließend sein. So lassen sich auch Übergangsfelder in der Entwicklung neuer Arten aus verschiedenen Rassen beobachten. Eindrucksvoll ist dies am Beispiel der Buchfinken auf den Kanarischen Inseln zu belegen.

Die Kanarischen Inseln sind offensichtlich zweimal vom Festland her von Buchfinken besiedelt worden. Die Erstbesiedler weichen in zahlreichen Merkmalen von der Stammform ab und haben sich in der langen Zeit der Trennung von ihren Artgenossen auf dem Festland auseinanderentwickelt.

Zu einer späteren Zeit erfolgte, wahrscheinlich durch Sturmabdriftungen, eine zweite Besiedelung der Inselgruppe durch Finkenschwärme. Erst- und Zweitbesiedler hatten sich aber in ihrer Artenentwicklung bereits so stark voneinander getrennt, daß keine Vermischung mehr eintrat, so daß heute auf den Kanarischen Inseln zwei Buchfinkenarten unvermischt nebeneinander leben: der Tevdefink und eine Rasse des europäischen Buchfinks. Sie halten auf den Inseln auch verschiedene ökologische Nischen besetzt, so daß sie ohne Konkurrenzdruck koexistieren können.[9]

Ohne dich kann ich nicht leben – vom Zusammenspiel der Arten

Von Konrad Lorenz stammt die Beobachtung: »Es gibt unglaublich wenige Leute auf dieser Welt, die sich wirklich bewußt sind, daß sie nur das essen können, was die Photosynthese der grünen Pflanzen erzeugt, daß man Eßbares nicht ›machen‹ kann.«

Dieser Satz erscheint uns zunächst befremdlich, denn wir haben uns schon zu sehr daran gewöhnt, daß mit Hilfe der modernen

Wissenschaften und der Technik alles »machbar« sei. Viele Menschen, vor allem in den Großstädten, haben längst die Zusammenhänge zwischen ihrem täglichen Speiseplan und dessen vielfältigen Produktionsprozessen aus den Augen verloren, soweit diese über die Küche hinausgehen. So hat sich - tiefer als man vielleicht vermuten würde - in vielen von uns die Vorstellung eingewurzelt, daß man Nahrungsmittel ebenso synthetisch herstellen könnte wie die Verpackungen, in denen sie mund- und portionsgerecht angeboten werden.

Wir sehen zu wenig, daß auch wir in der modernen Industriegesellschaft nicht primär von der Industrie leben, wie wir fast selbstverständlich annehmen, sondern wie die Menschen überall auf der Erde von Getreide, Butter, Milch, Fleisch, Gemüse, Salaten usw. Selbst wenn wir im modernen Sprachgebrauch davon reden, daß diese Nahrungsmittel erzeugt werden, dürfen wir nicht außer acht lassen, daß letztlich nicht der Mensch sie macht, sondern daß sie ausschließlich durch Naturprozesse, in letzter Konsequenz durch die Photosynthese entstehen.

Nur die Pflanzen können sich mit Hilfe des Sonnenlichtes aus Wasser, Mineralien und Kohlendioxid selbst aufbauen - produzieren (Produzenten). Sowohl die in unübersehbarer Artenvielfalt existierenden Tiere wie auch der Mensch erhalten ihre Energie und ihre Nahrungsstoffe für Wachstum und Entwicklung dadurch, daß sie Pflanzen konsumieren oder Tiere, die sich ihrerseits von Pflanzen ernährt haben (Primär- und Sekundärkonsumenten). Insofern wird der zunächst überzogen anmutende Satz »Alles Fleisch ist Gras« verständlich.

Alle pflanzlichen und tierischen Organismen unterliegen dem biologischen Gesetz des Werdens und Vergehens. Nach ihrem Absterben werden sie von den sogenannten Reduzenten oder Destruenten wieder zersetzt. Mikroorganismen und Kleinlebewesen wie Pilze, Bakterien, Würmer, Flechten, Moose, Ameisen und verschiedene Käfer zerlegen verendete Großtiere, sofern sie nicht von anderen gefressen werden, in biologische Aufbaustoffe, welche die Natur zur Schaffung neuen Lebens wiederverwendet. So bewegt sich alles Leben in einem Kreislauf. Der Motor dieses globalen biologischen Großsystems ist letztlich die Sonne, denn ohne ihre überreiche Energiezufuhr wäre das Wachstum der Pflanzen nicht möglich.

Eingebettet in diesen Stoffkreislauf leben alle tierischen und sogar viele pflanzlichen Lebewesen von anderen Lebewesen und nicht von toten Dingen. Sie sind Glieder einer Nahrungskette oder Elemente eines größeren und komplexeren Nahrungsnetzes; einerseits Räuber, Schmarotzer oder Nutznießer anderen Lebens, früher oder später aber selber unvermeidlich Beute fremder Lebewesen und Aufbaustoff für neues nachfolgendes Leben.

In diesem System müssen Arten zwangsläufig aussterben, wenn ihre Nutzungsarten nicht mehr ausreichend als Nahrungsbasis für sie zur Verfügung stehen, weil sie ihrerseits ausgestorben oder im Bestand stark zurückgegangen sind. Das Aussterben einer Art kann also eine regelrechte Kettenreaktion hervorrufen.

Zum Beispiel Parasitismus

Ein anderes Beispiel für wechselseitige Abhängigkeitsbeziehungen artverschiedener Lebewesen ist der Parasitismus.

Der Parasit lebt auf Kosten eines anderen Organismus, eines Wirtstieres oder einer Wirtspflanze. Von seinem Wirt bezieht er gewöhnlich seine Nahrung und meistens gleichzeitig auch Herberge und Schutz vor Feinden. Der Wirtsorganismus übernimmt in vielen Fällen - bioautomatisch und unbewußt - auch die flächendeckende Verbreitung des Parasiten. Im Unterschied zum Nahrungsräuber tötet der Parasit seinen Wirtsorganismus nicht. Vielmehr wird in aller Regel durch bestimmte Regulationsmechanismen (Bestandsdichte der Parasiten usw.) dafür gesorgt, daß der Wirtsorganismus nicht lebensbedrohlich geschädigt wird, sondern daß er als Nahrungsbasis für den Parasiten möglichst lange am Leben bleibt.

Parasitismus ist im Tier- und Pflanzenreich außerordentlich

weit verbreitet. Parasiten existieren in vielfältigen Formen und sind sehr artenreich. So haben sich nicht nur Parasiten entwickelt, die äußerlich auf ihrem Wirtstier oder ihrer Wirtspflanze leben (Läuse, Blutegel, Würmer, Flechten, Pilze, Milben usw.), sondern besonders zahlreich auch solche Arten, die sich in den Organen ihrer Wirte festsetzen und den Organismus von innen schädigen (Würmer, Viren, Bakterien usw.).

Parasiten sterben zwangsläufig aus, wenn ihre Wirtsorganismen, auf die sie in der Regel sehr stark spezialisiert sind, aussterben. Gewiß empfinden wir diesen Vorgang bei erster Betrachtung nicht als Verlust, vor allem, wenn wir dabei etwa an Läuse, Trichinen, Flöhe, Band- oder Spulwürmer denken. Andererseits sollte man nicht außer acht lassen, daß es natürlich auch Parasiten gibt (Schimmelpilze, Bakterien usw.), die für den Menschen eine große Bedeutung haben, ganz abgesehen davon, daß im Naturganzen auch die oben genannten Parasiten unverzichtbar wichtig sind, auch wenn wir ihren unmittelbaren Wert für uns und für ihr jeweiliges Ökosystem vielleicht noch nicht erkannt haben.

Zum Beispiel Symbiose

Im Gegensatz zum Parasitismus, bei dem eindeutig eine Art auf Kosten der anderen lebt und sie schädigt, gibt es in der Natur in großer Zahl auch Verbindungen zwischen Individuen verschiedener Arten, die auf dem Prinzip der Gegenseitigkeit beruhen: Zweckbündnisse, Verteidigungs- und Kampfgemeinschaften, Kumpaneien, Vergesellschaftungen zur Lebensbewältigung und Lebenserleichterung und schließlich artübergreifende Freundschaften.

Zunächst gebrauchte man für alle Formen regelmäßig beobachtbarer Vergesellschaftung zwischen verschiedenen Arten den Begriff Symbiose. Gelegentlich wird er auch heute noch in diesem Sinne verwandt.

Gebräuchlicher ist der Begriff allerdings für solche artübergreifenden Gemeinschaften geworden, bei denen jeder der beiden Partner einen erkennbaren Vorteil aus der Gemeinschaft zieht, wenn es sich also um Zweckbündnisse handelt. Trotzdem können damit immer noch sehr verschiedene Wechselbeziehungen zwischen Arten gemeint sein.

Der afrikanische Elefant schätzt die Gesellschaft des Kuhreihers, weil dieser ihm Zecken, Maden, Dasselfliegen, allerlei Ungeziefer und Außenschmarotzer aus der Haut pickt und sich damit trefflich ernährt. Der Vorteil für beide Arten liegt auf der Hand.

Ähnliche Putzsymbiosen bestehen zwischen dem Madenhakker und dem Wasserbüffel oder dem Kuhreiher und verschiedenen afrikanischen Rinderarten. An unseren Nordseedeichen kann man inmitten der Schafherden ganze Schwärme von Staren beobachten. Die Stare sind eifrig und geschickt damit beschäftigt, den Schafen die Parasiten aus der Wolle zu ziehen. Der Madenhacker pickt sogar aus den Wunden des Rhinozerosses Parasiten. Er ergänzt damit sein Mahl und hält auf diese Weise das Rhinozeros von Ansteckungen und Infektionen frei. Der Kronenkiebitz lebt von den Insekten, die das Nashorn aufwühlt.

Ein extremes Beispiel ist das des Honiganzeigers. Dieser kleine Waldvogel lockt den Honigdachs zum Nest wilder Bienen, indem er zwitschert, ein paar Meter vorausfliegt und wieder zwitschert. Auf diese Weise auf das Nest aufmerksam gemacht, frißt der Dachs den Honig, während er dem Vogel die Waben und Larven überläßt.[10]

Bei den genannten Beispielen sind die Wechselbeziehungen für beide Partner zwar wichtig, sie bedeuten aber noch keine regelrechte Abhängigkeit des einen Partners vom anderen. Jedenfalls würde der Kuhreiher im Falle des Aussterbens des Elefanten durchaus weiterleben können, weil er genügend Möglichkeiten hätte, auf andere Wirtstiere auszuweichen.

Es gibt aber auch Partnerbeziehungen zwischen verschiedenartigen Lebewesen, bei denen einer oder beide Partner einen so bedeutsamen Nutzen genießen, daß sie einander zur Lebensbewältigung brauchen und der eine Symbiont ohne den anderen gar nicht mehr oder nur schwer überleben könnte. So fressen zum Beispiel Termiten Holz, sind jedoch nicht in der Lage, das Holz selbst zu verdauen. Sie sind vollständig abhängig von gewissen Flagellaten (Geißeltierchen), die in ihrem Enddarm leben und diese Aufgabe für sie besorgen.

Daneben gibt es zahllose Vergesellschaftungen von verschiedenen Arten, bei denen bisher noch kein wechselseitiger Vorteil auszumachen war, was nicht bedeuten muß, daß es keinen gibt. Gewiß aber gibt es in Fauna und Flora auch Vergesellschaftungen, die sich nicht wegen eines gegenseitigen Nutzens herausgebildet haben, sondern lediglich aus einem Bedürfnis nach extraspezifischer Geselligkeit, aus einem Spieltrieb heraus, entstanden sind.

Ähnlich wie die parasitistischen sind auch die symbiotischen Wechselbeziehungen in der Natur außerordentlich häufig. Bezieht man die Mikroorganismen in die Betrachtung mit ein, sind wahrscheinlich alle Lebewesen mit einer Vielzahl anderer symbiotisch vergesellschaftet - mit oder ohne erkennbaren wechselseitigen Nutzen.

Auch dieses in seiner Bedeutung für das Naturganze nur schwer einschätzbare Phänomen muß man bei der Bewertung des gegenwärtigen Artensterbens mit im Blick behalten. Durch das Aussterben eines Tieres oder einer Pflanze können in der Folge unerwartet auch zahlreiche Symbionten mit ausgerottet werden.

Andere Regel- und Wechselwirkungsmechanismen der Natur

Der Dodo-Vogel war eine der drei Riesentaubenarten, die es jahrtausendelang auf den Inseln Mauritius, Reunion und Rodrigues im Indischen Ozean gegeben hat. Er war ein flugunfähiges Lauftier, etwas größer als ein Truthahn, etwa 23 kg schwer, mit watschelndem Entengang und blau-grauem Gefieder. Der Kopf des Vogels war verhältnismäßig groß. Der lange schwarze Schnabel hatte über dem Schnabelhöcker einen rötlichen Hornüberzug. Die Flügel waren verstümmelt. Der Vogel hatte sich vollständig an das Leben auf dem Boden angepaßt. Den Schwanz bildeten daher nur noch einzelne wellige gelbe Ringelfedern.

Portugiesische Seefahrer hatten den Dodo-Vogel 1507 zum erstenmal gesehen. Innerhalb kurzer Zeit wurde er von europäischen Seeleuten, die sehr bald sein Fleisch zu schätzen wußten, und von eingeschleppten Tieren - Katzen, Ratten und Hunden - ausgerottet. 1681 erschlug ein englischer Seemann das letzte Exemplar mit einer Schnapsflasche.

Jahre später stellte man auf der Insel fest, daß eine endemische, das heißt nur auf dieser Insel verbreitete Baumart, der Calvarienbaum, ohne erkennbare Ursachen verschwand. Schließlich lüftete sich das Geheimnis: Der Dodo-Vogel ernährte sich unter anderem von den Früchten des Calvarienbaumes. Von der Schale der Samenkerne verdaute das Tier aber gerade so viel, daß der Kern nach dem Durchwandern des Darms keimen konnte. Vom Dodo nicht angedaute Früchte waren nicht keimfähig. Der Calvarienbaum konnte sich also ohne den Dodo-Vogel nicht weiter vermehren.[11]

Unbewußte, bioautomatische Wechselbeziehungen solcher Art gibt es in der Natur in zahllosen Fällen. Auch auf unseren Wiesen können die Samen verschiedener Pflanzenarten nur keimen, nachdem sie den Darm von Kühen, Wild oder Vogelarten durchwandert haben. Manche Baumarten erfahren ihre großflächige Verbreitung überhaupt nur dadurch, daß Vögel ihre Samen in Depots ablegen, deren Existenz sie später wieder vergessen, und außerordentlich mannigfaltig sind die Blütenbestäubungsmechanismen nicht nur durch unsere Honigbiene und den Wind, sondern durch eine ganze Palette von Insekten, Vögeln oder Kleinsäugern. Die Arten bedienen sich ungeahnter Raffinessen, wenn es darum geht, aus der Lebensweise der anderen eigene Vorteile zu ziehen.

Viele Pflanzen- und selbst Tierarten leben davon, daß es ihr Schicksal oder das möglichst vieler Artgenossen ist, gefressen zu werden, so sonderbar uns dies auch erscheinen mag.

Eindrucksvoll kann der folgende Versuch eine allgemein bekannte Wechselbeziehung zwischen Pflanzen und Tieren aufdekken: In einem abgeschlossenen Glasgefäß kann eine Pflanze auch bei genügend Wasser, Wärme und Licht nur spärlich gedeihen. Sie bleibt braun und entwickelt kaum Blattgrün. Setzt man eine Maus in das Gefäß und schließt es wieder luftdicht ab, verbessern sich ganz offensichtlich die Lebensbedingungen der Pflanze. Sie wird von unten bis oben grün. Auch die Maus bleibt in dem luftdicht abgeschlossenen Gefäß am Leben. Entfernt man aus dem Glas die Pflanze und schließt es wieder luftdicht ab, stirbt binnen kurzer Zeit die Maus.[12]

Zwischen Pflanze und Tier besteht eine Atmungswechselbeziehung. Von den Ausatmungsgasen der Maus bezieht die Pflanze im abgeschlossenen Gefäß das für sie lebensnotwendige Kohlendioxid CO_2, während die Maus ihrerseits den von der Pflanze ausgeatmeten Sauerstoff O_2 zum Einatmen braucht.

Der Versuch demonstriert anschaulich, wie pflanzliches Leben im abgeschlossenen Raum auf die Atmungsgase tierischen Lebens angewiesen ist, und wie andererseits tierisches Leben ohne die Sauerstoffproduktion von Pflanzen nicht existieren kann, eine Wechselbeziehung, die als globales System der Erde allerdings noch nicht restlos durchschaut und geklärt ist.

Überhaupt dürften uns bis heute die meisten und vermutlich auch wichtigsten Formen interspezifischer Abhängigkeiten und Wechselbeziehungen noch unbekannt sein. Zu vielfältig sind die Spielformen der Natur, zu erbarmungslos ist der Kampf ums Überleben für die meisten Arten im Wettstreit mit anderen und in der Auseinandersetzung mit den Gegebenheiten ihrer Umwelt. Und eben diese Not hat die tollkühnen und phantastischen Erfindungen der Natur hervorgebracht, zu deren Durchschauen auch die nächsten 50000 Jahre menschlichen Forschens und Beobachtens nicht ausreichen dürften.

Immerhin sind uns sechs von sieben Arten der Erde noch unbekannt. Wir wissen nichts über sie und nichts über ihre Überlebensstrategien. Die uns bekannten Wechselbeziehungen zwischen verschiedenen Arten sind nur einige wenige, besonders augenfällige Strickmuster im großen Lebensgeflecht der Erde und ihrer Ökosysteme.

Gerade diese Unwissenheit müßte eigentlich das wichtigste Argument sein für einen äußerst behutsamen Umgang mit Natur und Umwelt. Wir wissen so gut wie nichts von den möglichen Folgewirkungen der Ausrottung eines Käfers, Schmetterlings oder Vögelchens. Das Verschwinden eines noch so unscheinbaren Unkräutleins mag vielleicht auf der Erde nichts verändern, weil die jeweiligen Funktionen der Arten mehrfach besetzt sind, so daß eine andere Art sogleich in die Bresche springt und die frei gewordene ökologische Nische besetzt. Genausogut kann dieses unscheinbare Kräutlein aber auch gut sein für böse Überraschungen nach einem Jahr, einem Jahrzehnt oder gar einem Jahrhundert.

Drittes Kapitel

Dimensionen einer Katastrophe

Das eben ist der Fluch der bösen Tat,
Daß sie fortzeugend Böses muß gebären.

(Friedrich Schiller)

Die allein durch menschliche Aktivitäten verursachte weltweite Dezimierung von Arten aus Flora und Fauna aller Regionen der Erde vollzieht sich in Dimensionen, die es auf unserem Planeten vorher nie gegeben hat. In keiner früheren erdgeschichtlichen Epoche sind innerhalb so kurzer Zeitspannen so viele Arten ausgelöscht worden, wie das heute der Fall ist; d.h., die augenblickliche Artenausrottung ist ein auf der Erde bisher gänzlich einmaliger Vorgang.

Zwar hat der Mensch wahrscheinlich schon seit den Anfängen seiner Existenz vor allem viele Großtierarten durch zu sorglose Jagdmethoden ausgerottet. Dies blieb aber über lange Zeiträume hinweg die Ausnahme, über die sich Biologen und Geschichtswissenschaftler zudem gelegentlich durchaus noch streiten. So ist beispielsweise bisher nicht restlos geklärt, ob die verschiedenen Mammutarten, bevorzugtes Jagdwild der Menschen der Altsteinzeit, und die mit ihnen vergesellschafteten Wollhaarnashörner durch menschliche Aktivitäten ausgestorben sind oder infolge eines natürlichen, evolutiven Prozesses, der durch den Menschen lediglich beschleunigt wurde. Ähnliches gilt für viele andere Tierarten, die es zur Zeit der Frühgeschichte der Menschheit auf der Erde noch gegeben hat.

Sicher wissen wir, daß der Mensch bis zum Jahr 1600 seine waffen- und jagdtechnischen Erfindungen so weit vorangetrieben hatte, daß er nunmehr in die Lage kam, Tierpopulationen durch Überfischen und Überjagen stark zu dezimieren und sie in einzelnen Fällen sogar in die Bestandsgefährdung zu treiben.

In der Folge starb durch menschliche Einwirkungen alle vier Jahre durchschnittlich eine Tierart aus. In den meisten Fällen handelte es sich um solche, die der Mensch als Bedrohung für sich, seine Fluren und Äcker oder seine weidenden Haustiere betrachtete, so daß die erbarmungslose Jagd auf sie als Nahrungskonkurrenten verständlich ist. Dies um so mehr, als der »Kampf ums Dasein« für den Menschen zu dieser Zeit noch immer eine wesentlich größere Herausforderung darstellte als in unserer heutigen Zeit.

Die Heimbringung des letzten wilden Bären in Bayern, er wurde am 24. Oktober 1835 in der Nähe von Ruhpolding zur Strecke gebracht, wurde von der Bevölkerung volksfestähnlich gefeiert. Schließlich war dieser Jagderfolg nicht nur der persönliche Sieg eines Jägers, sondern auch ein wichtiger Meilenstein in der Bemühung, die Wälder von wilden Tieren (Bären, Wölfen, Wildschweinen usw.) zu befreien, um sie für die Menschen gefahrlos begehbar zu machen und ihnen damit auch die Möglichkeit zu geben, ihre Hausschweine zur Abweidung in die Wälder zu treiben.

Seit 1900 etwa stieg die Aussterberate auf eine Art pro Jahr. Erst der in unseren Tagen sich vollziehende »totale Umbau« des Planeten führte zu einem explosionsartigen Anstieg des Artenschwundes.

Prognose ... ungewiss

Ähnlich wie die Zahl der auf der Erde existierenden Arten nicht exakt angegeben werden kann, sondern auf wohlbegründeten wissenschaftlichen Schätzungen beruht, die zwischen 3 und 10 und gelegentlich sogar 20 Millionen Arten schwanken, läßt sich auch die gegenwärtige und bis zum Jahr 2000 vorhersehbare Quote der Artenauslöschung nicht genau angeben. Auch hier ist man auf Schätzungen angewiesen, die durchaus vage sind und unter anderem auch von der allgemeinen Einschätzung der Entwicklung der gesamten Umweltproblematik, dem mutmaßlichen Ausmaß der Waldrodungen in den Tropen, den weltweiten Artenschutzbemühungen und vielen anderen Einflußgrößen abhängen. Trotzdem verblüffen die Expertenschätzungen, wenn man sie miteinander vergleicht:

Christian Magerl, Artenschutzbeauftragter beim Bund Naturschutz:

»Die Biologen erstellen in immer kürzeren Zeiträumen sogenannte ›Rote Listen‹ der gefährdeten Tier- und Pflanzenarten, und zwar für einzelne Regionen, für ganze Länder, für Europa, für die ganze Welt. Darin wird nach einzelnen Kategorien aufgelistet, wie stark Tier- und Pflanzenarten vom Verschwinden bedroht sind, ob sie gefährdet, stark gefährdet oder kurz vor dem Aussterben sind, oder gar schon ausgestorben sind bzw. verschollen sind. Schaut man die ›Roten Listen‹ an, kann man für Bayern wie für die Bundesrepublik feststellen, daß bei den Wirbeltieren (Säugetiere, Vögel, Fische, Amphibien und Reptilien) praktisch jede zweite Art mehr oder weniger stark gefährdet ist. Bei anderen Tier- oder Pflanzengruppen sieht es ähnlich aus: Es gibt kaum noch eine Tier- oder Pflanzengruppe, bei der weniger als ein Drittel gefährdet ist. Und diese Zahlen steigen von Jahr zu Jahr immer stärker an.«[1]

Wulf Riess, Artenschutzreferent des Bayerischen Umweltministeriums:

»Global gesehen kann man sagen, daß heute der Artenschwund hinsichtlich Ausmaß, Geschwindigkeit und Tragweite in einem bisher nicht bekannten Umfang stattfindet, d. h. aus den gesamten uns wissensmäßig zugänglichen Erdepochen haben wir nicht feststellen können, daß wir einen derartigen Artenverlust auf die jeweilige Zeiteinheit bezogen gehabt haben, wie das heute zu beobachten ist. Man kann sagen, daß die Geschwindigkeit heute tausendfach höher ist als in früheren Erdepochen. Weltweit sterben heute mindestens sieben Tier- und Pflanzenarten täglich aus. (. . .) Es gibt auch Zahlen für die Entwicklung in der Bundesrepublik. Wir rechnen zur Zeit mit einer Aussterberate von 80 bis 90 Arten pro Jahr. Man kann grob gesprochen sagen, daß etwa 50% der Tierarten, 70% aller Weichtiere und etwa 40% aller Pflanzenarten aussterben werden.«[2]

Paul und Anne Ehrlich,
Professoren der Stanford University, USA:

»Auf viele direkte und indirekte Weisen wird der Druck der Menschheit auf die Arten noch verstärkt: durch Überausbeutung und durch Biotopveränderung und Biotopzerstörung. Durch Überjagen, Überfischen, Überernten (bei Pflanzen), und - wichtiger - durch das Zerstören oder Abändern von natürlichen Biotopen verdammt die Menschheit Populationen und Arten in einem immer größer werdenden Ausmaß zum Aussterben. (. . .) Einige der Vorausberechnungen, die auf der Annahme aufbauen, daß die Ausrottungsrate weiterhin so wie in den letzten Jahrzehnten steigt, laufen darauf hinaus, daß vielleicht ein Fünftel aller Arten, die heute auf der Erde leben, am Ende des Jahrhunderts verschwunden sein werden.«[3]

Norman Myers 1979:

»Es ist wahrscheinlich, daß wir während des letzten Viertels unseres Jahrhunderts Zeugen einer Artenvernichtungswelle sein werden, der eine Million Arten zum Opfer fallen. Der Gesamtausfall von Arten kann niedriger sein; er könnte aber auch, was wahrscheinlicher ist, höher sein. Nimmt man eine Million als wohl begründete Arbeitshypothese an, dann bedeutet das über 100 ausgerottete Arten pro Tag.«[4]

Global 2000, Der Bericht an den Präsidenten:

»Eine für Global 2000 angefertigte Schätzung deutet darauf hin, daß bis zum Jahr 2000 zwischen einer halben Million und 2 Millionen Arten - 15–20% aller auf der Erde lebenden Arten - ausgestorben sein können, vor allem aufgrund des Rückgangs unberührter Lebensräume, aber teilweise auch infolge von Umweltverschmutzung. Ein Artenrückgang dieses Ausmaßes ist in der Geschichte der Menschheit ohne Beispiel.

Der bis zum Jahr 2000 prognostizierte Artenrückgang wird zur Hälfte oder zu zwei Dritteln auf die Ausräumung oder Zerstörung der tropischen Wälder zurückgehen. Bei den Insekten, anderen Wirbellosen und den Pflanzen - von denen viele Arten bis heute nicht klassifiziert und analysiert sind - werden die größten Verluste zu verzeichnen sein.

Auch eine sorgfältige Pflege der verbleibenden biotischen Ressourcen kann die schnellen, umfangreichen Verluste nicht wieder ausgleichen, zu denen es voraussichtlich kommen wird, wenn die gegenwärtigen Trends anhalten.

Die gegenwärtigen Entwicklungstrends bedrohen auch zahlreiche Süßwasser- und Seefischarten. Physikalische Veränderungen - Deichbau, Kanalisierung, Verschlammung - und Verschmutzung durch Salze, sauren Regen, Pestizide und andere giftige Chemikalien ziehen die Ökosysteme der Süßwassergebiete weltweit stark in Mitleidenschaft.«[5]

Geht man von einer von der Fachwelt durchaus für realistisch angesehenen Aussterbequote von einer Million Arten in der Zeit von 1975 bis zum Jahr 2000 aus, ergibt sich eine durchschnittliche tägliche Aussterberate von 109 Arten. Das heißt, weltweit sterben in diesem Zeitraum täglich durchschnittlich 109 Tier- und Pflanzenarten auf der Erde aus - für immer und unwiederbringlich.

Der Artenrückgang verläuft allerdings regional sehr unterschiedlich. In den tropischen Regenwäldern können je nach Rodungsintensität in jeweils kurzen Zeiträumen Arten in unvorstellbaren

Mengen ausgelöscht werden, während in vielen Gebieten der Industrienationen der Artenschwund eher eine Begleiterscheinung stetiger Veränderungen der Lebensräume und Umweltbedingungen der Arten ist. Hier verläuft die Ausrottung nicht linear und gleichmäßig, sondern exponentiell, d.h. die Anstiegskurve wächst zunächst nur langsam und geht ab einem gewissen Punkt steil nach oben. Gegenwärtig liegt die Aussterbequote noch weit unter dem errechneten Durchschnitt. Sofortige Artenschutzmaßnahmen mit verhältnismäßig geringem Aufwand könnten deshalb jetzt noch erheblich mehr bewirken als kostenaufwendige und technisch komplizierte Notkonservationsprogramme in späteren Jahren.

Bei der Betrachtung und Bewertung der unterschiedlichen Prognosen muß man zwei wesentliche Gesichtspunkte mitberücksichtigen:

1. Eine Fixierung auf einen begrenzten Prognosezeitraum - bis zum Jahr 2000 - verharmlost die tatsächlichen Dimensionen des Artensterbens beträchtlich. Das Aussterben von »nur« einer Million Arten bis zum Jahr 2000 kann - wie noch zu zeigen sein wird - mit unvermeidbarer Konsequenz eine Ausrottungsquote von 2 oder 5 Millionen Arten bis zum Jahr 2010 oder 2020 zur Folge haben. Zumindest ist das Ganze als ein Prozeß zu sehen, der mit einer bisher nicht berechenbaren Eigendynamik fortschreitet und nicht ab einem fixen Zeitpunkt gewissermaßen von selbst zum Stillstand kommt oder von uns einfach angehalten werden könnte.
2. Unter ökologischen Gesichtspunkten macht es wenig Sinn, das Artensterben in bloßen Zahlendimensionen zu sehen. Zahlen sagen so gut wie nichts über die durch den Artenverlust verursachten Veränderungen in einem Ökosystem. Aus den Zusammenbrüchen verschiedener Inselökosysteme läßt sich unschwer ableiten, daß es nicht immer und nicht nur die Menge der verschwindenden Arten ist, die ein Ökosystem umkippen läßt. Oft genug löst das Verschwinden (oder auch das Hinzufügen) einer einzigen, vielleicht »unscheinbaren« Art den katastrophalen Zusammenbruch eines Systems aus, während in ande-

ren Fällen der Wegfall einer ganzen Artenpalette ohne bisher erkennbare Schäden für das Ganze geblieben ist.

Zukunftsprognosen werden nicht ohne Grund immer wieder massiver Kritik unterzogen, selbst wenn es sich dabei um sorgfältig erarbeitete, computersimulierte Rechenmodelle handelt. Zu vielfältig sind die möglichen Einflußgrößen und zu kompliziert deren Gewichtungen, so daß einzelne Faktoren gelegentlich überbewertet werden, andere wiederum zu geringe Berücksichtigung finden oder überhaupt nicht in die Berechnung einbezogen sind.

Gerade die Prognosen zum Artensterben sind so ungewöhnlich vage - *Global 2000* steckt mit 500000 bis 2 Millionen Arten einen auch für Insider ausnehmend großen Spielraum ab -, daß sie vielen Nichtfachleuten geradezu unglaubwürdig, nicht fundiert und eher als bloße Schätzung erscheinen müssen. Wie aber könnten solche konturlosen Spekulationen griffige Grundlage zum Beispiel für Artenschutzmaßnahmen sein?

Viele Politiker beachten sie erst gar nicht, weil sie im alltäglichen Abtausch von Argumenten vielleicht mehr als jeder andere auf genaueres Zahlenmaterial angewiesen sind. Allzu undurchsichtige Zahlenspielereien gelten hier eher als ein Zeichen von Unsicherheit und Unwissenheit. Schon allein deswegen wäre es wichtig, exakteres Zahlenmaterial zur Verfügung zu haben. Warum aber ist es nicht möglich, gerade im Hinblick auf solche Gesichtspunkte den Vorgang mit größerer Präzision abzuschätzen?

In der Tat liegen im Problem des Artenschwundes eine ganze Reihe von Unwägbarkeiten und Unsicherheiten, die weit über die üblichen statistischen Spielräume von taxierten, variablen Einflußgrößen hinausgehen. So kann das Verschwinden einer Art aus einem Ökosystem - wie bereits angedeutet - ohne nachhaltige Folgen für das Ganze bleiben, es kann aber andererseits auch vielfältige, unvorhersehbare und unerwartete Konsequenzen für den Fortbestand ganzer Artengemeinschaften haben.

Das Beispiel des Dodo-Vogels auf Mauritius, nach dessen Verschwinden dort auch der Calvarienbaum ausgestorben war, zeigt, daß durch die Herausnahme eines Gliedes aus einer Lebenskette alle folgenden Glieder ebenfalls zum Aussterben verurteilt sein können. Möglicherweise war der Calvarienbaum ökologische Nische oder Nahrungsbasis für eine ganz bestimmte auf ihn spezialisierte Insekten- oder Vogelart. Ihr wäre dann mit dem Verschwinden des Baumes ihre Lebensgrundlage und damit jede Möglichkeit des Fortbestehens genommen worden. Sie mußte ebenfalls aussterben. So kann auf diese Weise eine ganze Kette wechselseitig aufeinander angewiesener Tier- und Pflanzenarten ausgelöscht werden.

Die Kausalkette

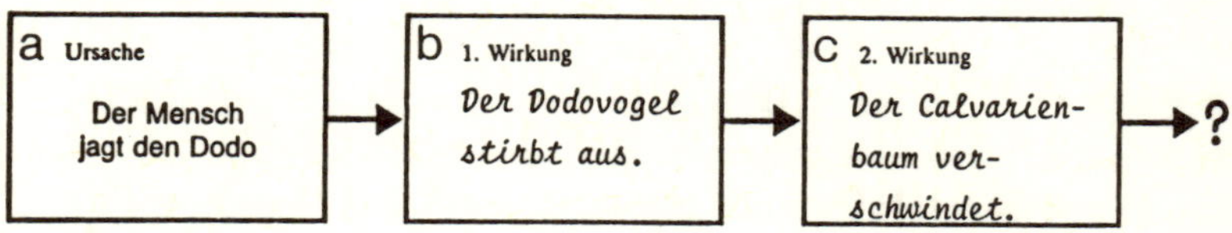

Abb. 1

Unmittelbar einsichtig wird dies in solchen Fällen, in denen die eine Art ausschließlich und ganz eindeutig das Leben der anderen bedingt. Stark spezialisierte Parasiten verschwinden zwangsläufig mit dem Aussterben ihres Wirtes. Monophage Arten, d.h. Tiere, die sich organisch oder in ihrer Lebensweise vollkommen auf nur eine bestimmte Nahrungsart spezialisiert haben, werden zurückgedrängt, wenn sich ihre Basisart zunehmend ausdünnt.

Ein solcher monophager Spezialist ist der Koalabär Australiens. Er lebt ausschließlich vom Laub einiger weniger Eukalyptusbaumarten und ist daher ganz an deren Verbreitungsgebiete gebunden. Sein Fortbestehen ist gegenwärtig allerdings nicht nur durch die immer großflächiger verschwindenden Eukalyptuswälder in Frage gestellt, sondern auch durch die allzu unbedenkliche Jagd und durch Seuchen, die sich immer verheerender auswirken, weil sich zu viele Tiere in zu kleinen Lebensräumen zusammendrängen.

Das Beispiel des Dodo-Vogels illustriert weiterhin, daß der Ursache-Wirkungszusammenhang - gerade in diesem Falle von der Wissenschaft ja nur zufällig aufgedeckt - nicht zwangsläufig und unmittelbar sichtbar werden muß. Das Verschwinden der einen Art als Folge des Verschwindens einer anderen kann sich unter Umständen mit so großen zeitlichen Verzögerungen einstellen, daß sich der ursächliche Zusammenhang gar nicht mehr rekonstruieren läßt. Häufig genug bleiben uns die diffizilen Wechselwirkungsbeziehungen zwischen den Arten vollkommen verborgen.

Der Fächereffekt

Die Artenauslöschung durch eine kausale Kettenreaktion, ausgelöst durch ungewollte und unbedachte Eingriffe in Ökosysteme, gehört zu den noch vergleichsweise harmlosen Vorgängen. Oft genug verursachen wir durch unsere vielfältigen Aktivitäten so tiefgreifende Veränderungen in Natur und Landschaft, daß viele verschiedene Arten gleichzeitig verdrängt werden. Im schlimmsten Falle bedeutet dies die Initiierung von mehreren, parallel ablaufenden, ausgefächerten Kettenreaktionen, die sich unter Umständen noch wechselseitig verstärken können.

Auf der ursprünglich unbewohnten Pazifikinsel Marion Island waren unbeabsichtigt Ratten eingeschleppt worden, was in früheren Zeiten eine häufige Begleiterscheinung unserer zivilisierten Seefahrt war. Wegen fehlender natürlicher Feinde konnten sich die Nager dort schnell und ungehindert explosionsartig vermehren. 1949 ließen sich die dort arbeitenden Meteorologen, die unter der Rattenplage arg zu leiden hatten, aus der Heimat vier Katzen und einen Kater kommen, in der Hoffnung, sich mit Hilfe der Katzen der Rattenplage erwehren zu können. Nach wenigen Jahren zählte man auf der Insel bereits 2500 Katzen. Sie jagten aber nicht - wie vom Menschen geplant - die Ratten, sondern mit diesen gemeinsam die auf der Insel brütenden Seevögel.

So versuchte man, die Katzen mit einer infizierten Seuche wieder auszurotten. Aber mehr als die Hälfte der Katzen überlebte den Virusschock. Heute vermehren sich sowohl die Ratten als auch die Katzen auf der Insel sehr stark. Nur die Einheimischen, die Vögel - Albatros, Seeadler, Tölpel und viele andere - sterben aus.[6] Nicht abzusehen sind die Folgen, die das Verschwinden dieser Seevögel haben wird. Ähnliche Vorgänge haben sich immer wieder auf vielen Inseln und Inselgruppen der Ozeane abgespielt (z.B. Kerguelen).

Auch heute besteht - bedingt durch den modernen Massentourismus und den großen Austausch von Gütern zwischen den Kontinenten (z.B. Bananen und Südfrüchte, Fleisch, Fisch, Getreide usw.) - ein unbeabsichtigter Austausch von Insektenschädlingen, Mikroorganismen, Viren, Salmonellen und anderen Krankheitsüberträgern für Pflanzen, Tiere und Menschen, durch den ursprüngliche ökologische Strukturen immer wieder überfremdet und empfindlich gestört werden. Es ist nicht schwer, sich vorzustellen, daß derartig ausufernde dynamische Prozesse auch die Prognosen zum Artensterben erheblich erschweren.

Die Endlosspirale

Menschliche Eingriffe in natürliche oder über Jahrhunderte bewährte landwirtschaftliche Ökosysteme können folgenschwere Schädigungen in der Natur hervorrufen. Gelegentlich kommt es sogar vor, daß ein einmal in Gang gesetzter Prozeß der Veränderung eines Lebensgefüges von Arten so nachhaltige Auswirkungen hat, daß er immer wieder neue regulierende Maßnahmen

Der Fächer

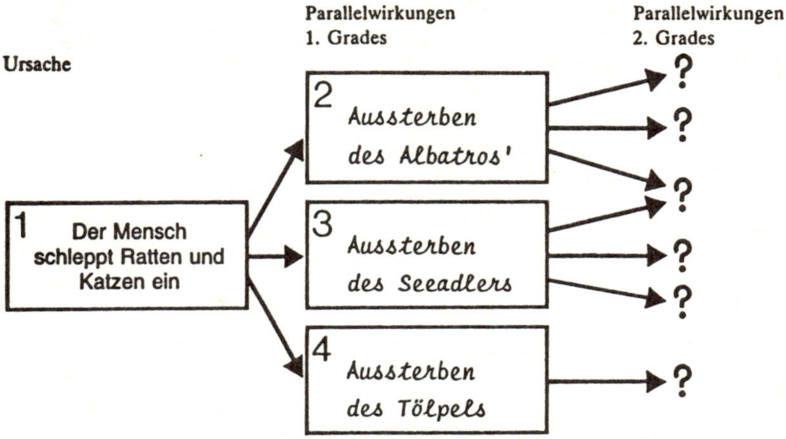

Abb. 2

durch den Menschen erfordert. In extremen Fällen kann jedoch selbst durch sorgfältigst elaborierte Korrekturen der ursprüngliche Zustand nicht wieder hergestellt werden, sondern allenfalls noch größerer Schaden für den Menschen abgewendet werden – auf Kosten der Arten. Es scheint, als würde der Mensch eine Spirale aufdrehen, die endlos fortschreitet und in die viele Stationen der Artenauslöschung einprogrammiert sind, sofern erst einmal der erste Schritt getan ist.

Nach 20jähriger zunächst »erfolgreicher« Anwendung von DDT sind unzählige Insektenarten gegen dieses Gift widerstandsfähig geworden. Sie können sich nunmehr nach einem langjährigen, verlustreichen und leidvollen Prozeß der Immunisierung wieder in gewohnter Weise vermehren. Die normale Hausfliege hat dieses Fegefeuer ebenso überstanden wie die afrikanische Fliege aus dem Geschlecht Glossina, die die Schlafkrankheit verbreitet. Erneut breitet sich diese Krankheit in Afrika aus, nachdem sie zunächst zurückgegangen war. In vielen Teilen Afrikas hilft DDT nicht mehr gegen die Malariamücke. Will man dieser Plage erneut begegnen, benötigt man neue Gifte, die neben den Schädlingen auch andere Arten zerstören. Absehbar bleibt jedoch, daß die Insekten auch die erneute Giftschranke einmal überwinden werden. Dann wiederum müssen neue Gifte helfen. Und so weiter.[7]

Die Baumwollfarmer des Canete-Tals in Peru dachten 1949, daß DDT die Antwort auf ihre Gebete sei. Als sie etwas DDT auf ihre Felder aufbrachten, bewirkte dies zunächst eine erfolgreiche Kontrolle verschiedener wichtiger Baumwollschädlinge. Wenn ein bißchen DDT schon etwas Gutes tut - so nahmen die Bauern an -, müsse eine Menge DDT noch Besseres tun. Sie sprühten mehr und mehr DDT und ähnliche Mittel. Die nicht erwarteten Folgen waren Massenvermehrungen der Schädlinge Mitte der 50er Jahre. Die Ernten sanken weit unter den Stand von 1949, der Zeit vor dem Insektizideinsatz. Die Schädlinge waren gegen das Gift resistent geworden. Daneben hatten sich nun aber andere Insektenarten, die bisher gar nicht als schädlich aufgefallen waren, so stark vermehrt, daß sie zu neuen Schädlingen für die Baumwollpflanzen wurden.

Durch das Besprühen ihrer Felder hatten die Peruaner die Populationen vieler Schädlinge vernichtet, ohne zu wissen, daß gerade diese die Populationen anderer Arten - Blattwickler, Blattwürmer, Sonneneulen usw. - an einer ausufernden Vermehrung gehindert hatten. Von den regulierenden Kräften ihrer Raubbeuter befreit, konnten sie sich nun explosionsartig vermehren und sich damit zu neuen Schädlingen für die Baumwollpflanzen der Menschen »befördern«. Den Bauern des Canete-Tals gab dies den Anstoß zum Nachsinnen auf »neue Waffen«; diesmal nicht etwa zur Steigerung der Baumwollproduktion, sondern allenfalls zur Produktionssicherung, wenn nicht sogar lediglich zur Verhinderung weiterer Rückgänge der Ernteerträge. - Unheil, du bist im Zuge. Nimm welchen Lauf du willst!

In vielen anderen Ökosystemen überall auf der Welt wurde die Erfahrung aus dem Canete-Tal wiederholt. Spinnmilben, die jetzt zu den wichtigsten Nutzpflanzenschädlingen gehören, sind im wesentlichen eine Schöpfung der DDT-Industrie. Doch von den meisten Menschen der Pestizidindustrie und vielen Bürokraten in

Landwirtschaftsministerien ist das bis heute noch immer nicht begriffen worden.[8]

Die Endlosspirale

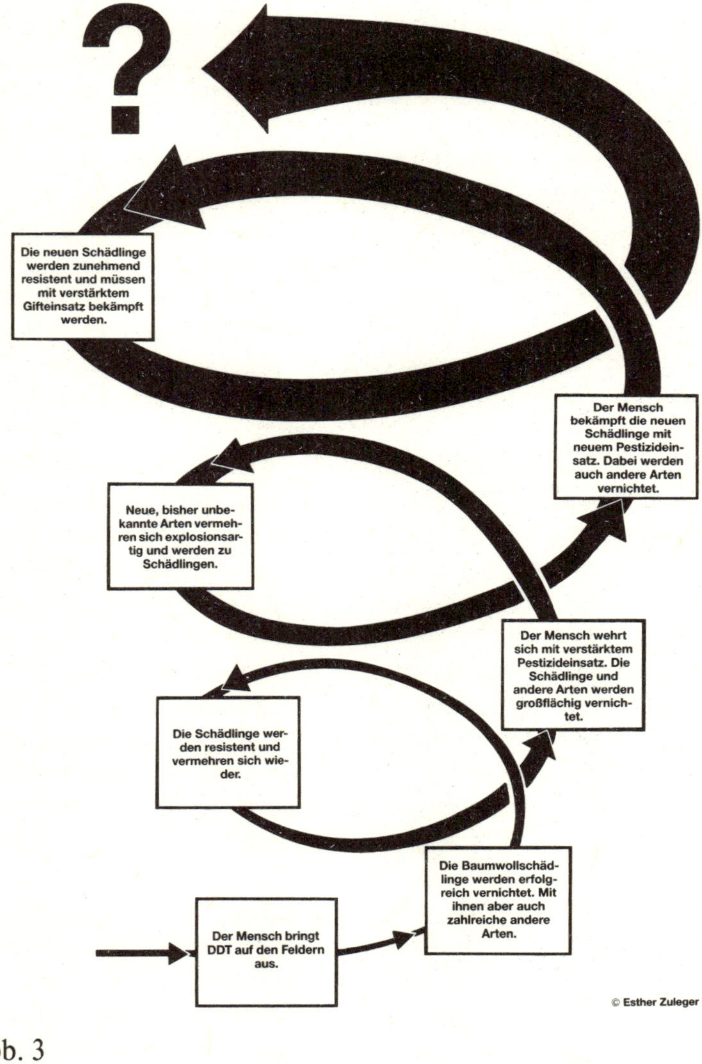

Abb. 3

Nach einem ähnlichen Muster verlief ein anderer störender Eingriff in ein vernetztes ökologisches System. In einem Programm der Weltgesundheitsorganisation zur Moskitobekämpfung auf Borneo setzte man vor einigen Jahren große Mengen DDT ein. Bald waren die Inselbewohner von der Stechmückenplage befreit, litten aber unter einer Plage von Raupen, die die strohgedeckten Dächer ihrer Häuser fraßen und sie zum Einsturz brachten. Wegen ihres Freßverhaltens ist nämlich die Empfindlichkeit der Raupen gegenüber DDT begrenzt. Die Schlupfwespen dagegen, die früher die Populationsbestände der Raupen eindämmten, waren durch das Gift dezimiert worden.

Auch in den Häusern wurde DDT gespritzt, um die Stubenfliegen zu bekämpfen. Für die Geckos, die bisher die Fliegen gefressen hatten, wurde es jetzt viel einfacher, tote oder halbtote DDT-verseuchte Fliegen aufzusammeln. Dadurch bekamen sie aber selber so viel DDT mit, daß sie durch das Gift bewegungseingeschränkt den Hauskatzen nicht mehr entkommen konnten. Über die Fliegen und Geckos nahmen auch die Katzen ungeheure Mengen DDT auf - und starben daran. Dies führte zu einer ganz neuen Plage: Ratten. Diese fraßen nicht nur die Nahrung der Menschen auf, sondern wurden vor allem als Pestüberträger bedrohlich. Borneos Regierung war schließlich so besorgt, daß sie als letzte Rettung an Fallschirmen Katzen in das Gebiet abwerfen ließ.[9]

Diese Beispiele sind nur besonders auffällige Anschauungsmodelle für die Artenausrottung in Schüben. Die ökologische Wissenschaft kennt neben der Zerstörung von Teilökosystemen nach dem Kausalketten- und -fächerprinzip oder mit Hilfe subtiler Endlosspiralen noch eine ganze Reihe derartig explodierender »Dominoeffekte«. Durch sie werden die Schwierigkeiten einer halbwegs treffsicheren Prognose über die Dimensionen des Artensterbens verständlich. Mag sein, daß wir bis zum Jahr 2000 »nur« 500000 Arten verlieren werden, was auch für den Nichtfachmann noch ausreichend Grund zur Beunruhigung sein müßte. Es könnte aber auch sein, daß wir eine Erde vorfinden werden, die um 2 Millionen Arten ärmer geworden ist. Und auch diese obere

Grenze kann uns nichts und niemand garantieren. Vielleicht stehen auch 3 Millionen und mehr Arten zur Disposition.

An dieser Stelle soll jedoch nochmals hervorgehoben werden, daß das Ausmaß der Zerstörung der unser Leben bedingenden Biosphäre *nicht allein* an der wissenschaftlich hochgerechneten Aussterberate abgelesen werden kann. Die Zahlen für sich sind kein ausreichender Indikator für das drohende Gefahrenpotential. Die größere Schwierigkeit liegt in der richtigen Einschätzung des Stellenwertes der einzelnen aussterbenden Arten für die Stabilität ihres Ökosystems.

Auch »nur ein bißchen« Artensterben kann noch ungeahnten Zündstoff für die Zukunft, das Jahr 2010 oder 2020, in sich bergen. Deshalb müßte uns jeder dahinschwindende Käfer, jeder Vogel, jeder Schmetterling und jedes unscheinbare Unkräutlein beunruhigen.

Viertes Kapitel

Macht euch die Erde untertan – Ursachen des Artensterbens

Der Herr Gott nahm also den Menschen und setzte ihn in Edens Garten, daß er ihn bebaue und pflege.

Genesis

Die durch den Menschen verursachte Austilgung der Arten hat vielerlei Gestalt: So gibt es Arten, die als Nahrungskonkurrenten des Menschen oder als Schädlinge von Nutzpflanzen mit Megatonnen von giftigen Chemikalien in generalstabsmäßig organisierten »Feldzügen« geradezu planmäßig vernichtet werden. Über komplizierte Nahrungsketten und -netze steigen diese Gifte empor und schädigen Arten, die man zunächst mit solchen Vorgängen gar nicht in Zusammenhang bringen würde. Wilderer und Großwildjäger verfolgen Tiere mit Flugzeugen, Radar und Funkgeräten oder stellen ihnen mit immer tückischeren Fallen nach. Empfindliche, hochtechnisierte elektronische Geräte orten auch die letzten Heringsschwärme in den Ozeanen. Robben werden in luft- und seegestützten Operationen verfolgt. Bulldozer und Motorsäge verwandeln täglich gewaltige Flächen der in Jahrmillionen entstandenen tropischen Regenwälder in Halbwüsten und betreiben damit »Artenausrottung am Fließband«. Landschaften mit Waldgebieten, Feuchtzonen und Ökoinseln werden plattgewalzt, von Straßenzügen durchschnitten, asphaltiert, zubetoniert, bebaut und versiegelt. Ganze Gebirgszüge werden dem Skitourismus zur kurzzeitigen Nutzung erschlossen und dabei für alle Ewigkeit zerstört. – Die Punischen Kriege haben nicht aufgehört. Sie toben allgegenwärtig und heftiger als je zuvor.

Während bei vielen Arten die Gründe für ihr Verschwinden auf der Hand liegen, erscheinen in unzähligen weiteren Fällen Populationsrückgänge von Tieren und Pflanzen gänzlich unerklärlich. Bei einzelnen Tierarten, darunter auch vielen klassischen, exotischen Großwildarten, erleben wir beispielsweise die groteske Situation, daß sie aussterben, obwohl niemand mehr auf ihre letzten Repräsentanten schießt und obwohl die Anstrengungen zu ihrer Erhaltung auf nationaler und internationaler Ebene bedeutende Ausmaße angenommen haben.

Das durch den Menschen verursachte gegenwärtige Artensterben läßt sich zusammenfassend auf vier Hauptursachen zurückführen:

1. Bekämpfung von Schädlingen und Nahrungskonkurrenten,
2. Faunenverfälschung,
3. Jagd, Fang und Naturausbeutung durch Überernten und Bodenübernutzung,
4. Lebensraumzerstörung und Umweltvergiftung.

Die Gewichtungen dieser vier hauptsächlichen Ursachen haben sich gerade in unserem Jahrhundert wesentlich verschoben, was die nachfolgende Graphik nur ungenau und vage verdeutlichen kann. Darüber hinaus wird eine exakte Erfassung auch dadurch erschwert, daß dieser Prozeß noch anhält, ohne daß wir dies im alltäglichen Leben wahrnehmen könnten.

In den letzten Jahrzehnten des Jahrhunderts werden die Zerstörung der Lebensräume der Arten und die Vergiftung der Biosphäre die alles überragende Todesursache für unzählige Pflanzen und Tiere sein, wenngleich nicht übersehen werden darf, daß die Dinge in mannigfachen Verzahnungen ineinandergreifen.

Die Zerstörung des Gartens Eden hat vielerlei Gestalt, und allzuoft wird überhaupt erst an der Nachzeichnung ihrer verschlungenen Wege durch die Wissenschaft die ganze Großartigkeit der Schöpfung, dieses phantastischen Entwurfs des Paradieses, sichtbar.

Zu allen Zeiten der Menschheitsgeschichte waren neben den Unbilden des Wetters zahlreiche Schädlinge gefürchtete Bedrohungen für die Ernten. Ratten, Mäuse, Hamster sowie andere Kleinsäuger, Heuschrecken- und Vogelschwärme, Mücken, Fliegen, Schadinsekten, Schimmelpilze, Unkräuter, Krankheitskeime und viele verschiedene bakterielle Erreger von Tier- oder Pflanzenkrankheiten galten - wie schon in den ägyptischen Plagen der Heiligen Schrift angedeutet - als die schlimmsten Gefährdungen der von den Bauern mühevoll bestellten Felder und der sorgsam umhegten Nutztierherden.

Sogenannte Vorratsschädlinge verursachten außerdem beträchtliche Verluste in den Scheunen und Getreidesilos, nachdem die Ernten endlich eingebracht waren. Hausratte, Hausmaus, Kornkäfer, Reismehlkäfer und Kornmotte waren die am meisten verbreiteten Mitesser in den Getreidelagern - und sind es auch heute noch. Nicht ohne Grund galten Katzen und Schlangen, die wichtigsten in der Nähe des Menschen tolerierbaren Freßfeinde von Mäusen und Ratten, bei vielen Völkern des Altertums als heilig.

Selbst in Europa gab es in früheren Zeiten Heuschreckenplagen. Die gefräßigen Geradflügler fielen in gewaltigen, den Himmel buchstäblich verdunkelnden Schwärmen über die Felder her, vernichteten in wenigen Tagen die Ernten eines ganzen Jahres und fraßen alles Grün von den Bäumen. Noch heute gehören sie in den Tropen zu den am meisten gefürchteten Schädlingen.

Viele von uns wissen aus ihren Kindertagen noch, daß die oft romantisch besungenen Maikäfer, deren Dahinschwinden wir mit Recht bedauern, regelmäßig im Vierjahresrhythmus durch radikalen Kahlfraß beträchtliche Schäden an unseren Laubbäumen anrichteten.

Den in periodischen Abständen immer wieder auftretenden Schädlingsplagen und den damit einhergehenden Mißernten standen die Menschen früherer Zeiten hilflos gegenüber. Da sie die Gründe für die Entstehung derartiger Katastrophen meist nicht

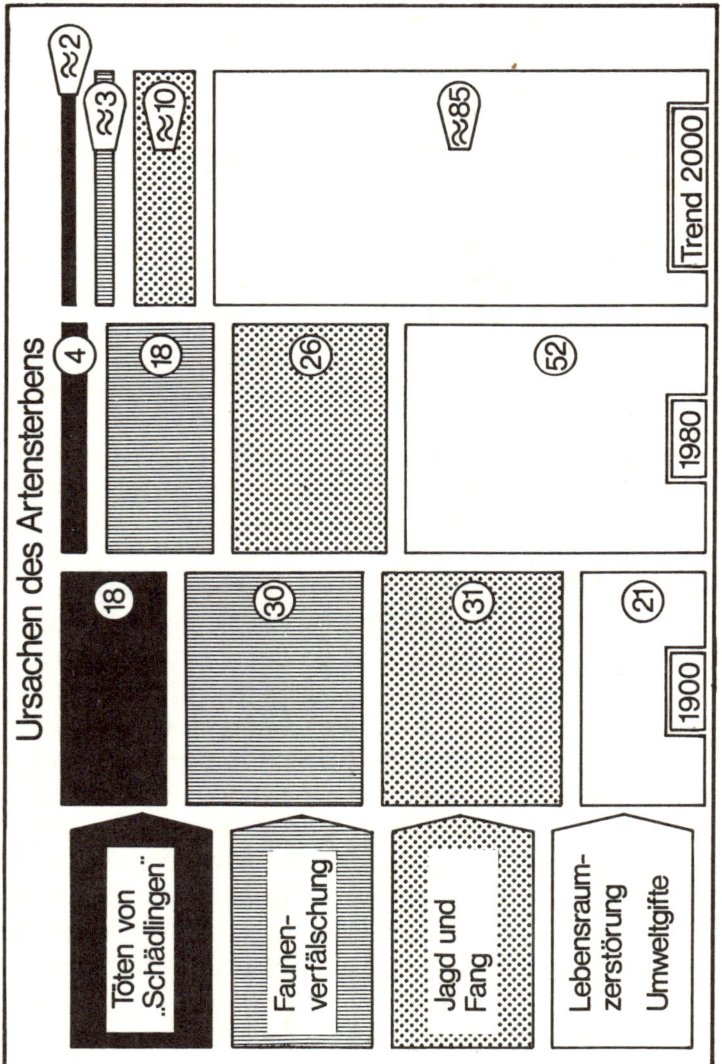
Ursachen des Artensterbens
Töten von „Schädlingen“
Faunen-verfälschung
Jagd und Fang
Lebensraum-zerstörung Umweltgifte
18
30
31
21
1900
4
18
26
52
1980
≈2
≈3
≈10
≈85
Trend 2000

Abb. 4[1]

erkennen konnten, flüchteten sie nicht selten in irrationale Deutungen, sahen in ihnen Gottesurteile oder suchten nach Sündenböcken. Die erste Christenverfolgung Roms unter Kaiser Marc Aurel geht auf einen solchen Schuldzuweisungsmechanismus - ausgelöst durch Mißernten als Folge von Hagelstürmen und Schädlingsbefall - zurück.

Allein an der Kulturpflanze Kartoffel können bis zu 150 Krankheiten und Schädlingsarten auftreten. Die Kartoffelpest oder Kartoffelkrankheit, vermutlich durch virose Krankheitserreger hervorgerufen und durch eine zu geringe Sortenstreuung begünstigt, führte in den Jahren von 1846 bis 1849 in Irland zu einer dreimaligen Kartoffelmißernte und beschwor eine Hungersnot herauf, die nach heutigen Schätzungen 250000 Menschen dahinraffte. Außerdem zwang sie 2 Millionen Menschen zur Auswanderung nach Amerika. Auch in Frankreich und Süddeutschland hat diese letzte europäische Hungerkatastrophe entscheidend in die politische Entwicklung hineingewirkt. Sie war der Anstoß zur ersten großen Auswanderungswelle von Deutschen nach Nordamerika und hatte unverkennbar Einfluß auf die damals in Europa bestehende revolutionäre Bewegung.

Natürliche Schädlinge beeinflussen politische Entscheidungen auch heute noch weit mehr, als wir vermuten würden: Jedes Jahr vernichten Schadorganismen bis zu 40% der Welternten und noch immer werden 10% der geernteten Nahrungsmittel trotz vielfältiger Formen der chemischen Schädlingsbekämpfung von Schädlingen aufgefressen. Noch größere Ausfälle könnten katastrophale Einbrüche in der Welternährung zur Folge haben und die handelspolitischen Ungleichgewichte sowie die ohnehin unerträglichen sozialen Spannungen zwischen Nord und Süd noch erheblich verschärfen.

Die Welternte an Getreide liegt derzeit bei ca. 1,5 Milliarden Tonnen. Die Sowjetunion produziert etwa ein Fünftel davon. Dort gingen 1981 rund 20% der Ernte durch Lagerung und Transport verloren. Eine zusätzliche Mißernte hätte zum Zukauf größerer Mengen von Getreide aus den USA, Kanada und Argentinien gezwungen, was sicher nicht ohne Einfluß auf das gesamte Wirtschaftsgefüge des Ostblocks und damit auch auf die westlichen Wirtschaftsstrukturen geblieben wäre.

Die Natur ist eben nicht von vornherein darauf ausgerichtet, allein für den Menschen zu produzieren. Dies wird neben der Dezimierung und Schädigung der Ernteerträge und -vorräte durch Flur- und Vorratsschädlinge auch an den großen Problemen der Haltbarmachung von Lebensmitteln sichtbar. Fisch, Fleisch, Wurstwaren, Käse, Obst oder Milch usw. sind ständig durch Fäulnis und Schimmelpilze gefährdet. Verdorbene Lebensmittel sind aber nicht nur äußerlich unansehnlich, sondern häufig auch gesundheitsschädlich.

Die Konservierung von Nahrungsmitteln hat die Menschheit zu allen Zeiten sehr beschäftigt und in früheren Zeiten ihren Lebensalltag maßgeblich bestimmt - man denke nur an die großen Anstrengungen der früheren Seefahrer, ihren Proviant über längere Zeiträume genießbar zu erhalten. Auch die Mittel und Wege, die Naturvölker und frühere Menschheitskulturen gefunden hatten, um ihre Nahrung gesund zu konservieren, zeigen einen ungeahnten Erfindungsreichtum, der in unserer heutigen Zeit leider verlorengeht.

Wir verlassen uns hier sehr arglos auf andere, »moderne« Strategien. Andererseits erscheint die Frage durchaus berechtigt, ob eine Ernährung der großen Menschenmassen in unserer Zivilisation mit ihrem reichen Austausch von Nahrungsmitteln aus allen Erdregionen und ihren überreichen Angeboten ohne vielfältige chemische Konservierungsstoffe wie beispielsweise Benzoesäure, Sorbinsäure u.v.a. überhaupt möglich wäre.

Angesichts dieser zahlreichen Schädlingsprobleme, die uns in ihren ursprünglichen und auch heute noch bestehenden Dimensionen gar nicht mehr bewußt sind, ist es nur zu verständlich, daß der Mensch die Möglichkeiten der Sicherung seiner Ernteerträge sowie des Schutzes seiner Speichervorräte und Markthallenbestände durch Chemie bereitwillig und voreilig unkritisch genutzt hat. Fast schlagartig war er dank der Errungenschaften der Chemie Ängste und Sorgen mit jahrtausendelangen Traditionen losgeworden. Mußte er da die großartigen Möglichkeiten der chemischen Schädlingsbekämpfung nicht geradezu als »Wunderwaffe« empfinden? Wo sollte denn der Sinn liegen, wenn er auf ihre Anwendung verzichtete? Wer hätte Einwände gegen ihren Einsatz vorbringen können?

So nahmen der großflächige Masseneinsatz und die Entwicklung immer neuerer, wirkungsvollerer chemischer Schädlingsbekämpfungsmittel ständig zu. Allein in der Bundesrepublik beträgt die jährliche Menge von verwendeten Herbiziden gegen Unkräuter, Insektiziden gegen Insekten und Fungiziden gegen pilzliche Krankheitserreger sowie Chemikalien gegen Spinnmilben, Schnecken und Nagetiere 32 500 Tonnen. Dabei sind die chemischen Konservierungsmittel wie beispielsweise Benzoe- und Sorbinsäure u.v.a. noch gar nicht berücksichtigt.[2]

Inlandsabsatz von Pflanzenschutzmitteln 1984

Chemikalienart	Verwendung gegen	Prozentanteil	jährliche Menge in Tonnen
Herbizide	Unkräuter	63,1	20 507,5
Insektizide	Insekten	6,9	2 242,5
Fungizide	pilzliche Krankheitserreger	20,6	6 695,0
Akarizide	Spinnmilben		
Molluskizide	Schnecken	9,4	3 055,0
Rodentizide	Nagetiere		
	Gesamt:	100,0	32 500,0

Tab. 1

Düngemittellieferungen für den Verbrauch in der Landwirtschaft, Wirtschaftsjahr 1984/85 (in 1000 Tonnen Nährstoff)[3]

Stickstoff (N)	1452
Phosphat (P_2O_5)	732
Kali (K_2O)	988
Kalk (CaO)	1287

Tab. 2

Mit dem zunehmenden Einsatz der »Wunderwaffe Chemie« in der Landwirtschaft zeigten sich allerdings bald auch einige Kehrseiten des inzwischen profitabel gewordenen Fortschritts:

Breitbandeffekt:

Fast alle chemischen Bekämpfungsmittel vernichten nicht nur den ganz speziellen Schädling, gegen den sie verwendet werden, sondern meistens ein breites Band von vielen ähnlich beschaffenen, aber nicht schädlichen Arten. Besonders schwierig ist in diesem Zusammenhang die Verwendung von Insektiziden. Gerade ihr allzu unbedenklicher Einsatz hatte die Ausrottung einer Vielfalt von Insekten zur Folge, was vereinzelt auch zum Auftreten neuer, bisher unbekannter Schädlinge führte, wie das Beispiel aus dem Canete-Tal zeigt (vgl. Kapitel 3).

An und von manchen Pflanzen leben nämlich solche Lebensformen (Milben, Läuse, Bakterienkulturen usw.), die von den eigentlichen Schädlingen gefressen und damit in ihrem Bestand in Grenzen gehalten werden, so daß sie dem Menschen bisher überhaupt nicht aufgefallen sind. Entfallen nun die Schädlinge wegen der chemischen Vernichtung, können sich diese Lebensformen ausufernd vermehren und zu neuen, bisher nicht beachteten Schädlingen werden. Ihre Bekämpfung erfordert dann wieder den Einsatz weiterer, neuer Chemikalien.

»Die Landwirtschaft auf der Erde ist heute ein ökologisches Krisengebiet. Wir bauen unser Getreide in riesigen einfachen Monokulturen an, die Schädlingsmassenvermehrungen heraufbeschwören müssen, auf die wir dann mit synthetischen Pestiziden reagieren. Auf diese Weise vernichten wir vielfach Arten, die gar nicht Ziel der Vernichtungsaktion sind. Da synthetische Schädlingsbekämpfungsmittel - ob sie nun Insektizide (Insektenvernichtungsmittel) oder Herbizide (Pflanzenvernichtungsmittel) sind - so viele gefährliche Effekte auf beliebige Organismen haben, sollte man sie genauer Biozide (Artenvernichtungsmittel) nennen.«[4]

Drogenabhängigkeit:

Auch die Freßfeinde und die Parasiten der chemisch bekämpften Schädlinge kommen zwangsläufig mit dem Gift in Berührung. Sie werden ebenfalls geschädigt, dezimiert und häufig ausgerottet, so daß sie als natürliche Bestandsregulierer ihrer Beute- bzw. Wirtstiere ausfallen. Diese müssen dann für die weitere Zukunft chemisch bekämpft werden.

Wenn beispielsweise eine Vogelart, die sich von den stets gleichen Insekten ernährt, dadurch ausstirbt, daß sie zu viele der mit Chemikalien bekämpften Insekten gefressen hat, steht sie für alle Zukunft als Vernichter dieser Insektenart nicht mehr zur Verfügung. Der Mensch hat dann durch den Einsatz von Chemie einen wichtigen natürlichen Gehilfen zerstört und sich damit bei der Bekämpfung dieser Insektenart von der Chemie abhängig gemacht.

Ähnlich wie beim Konsum von Drogen begibt sich der Mensch durch den Einsatz von Chemie in der Natur in die Gefahr, von einer einmal erfolgreich eingesetzten und eingeführten »Schädlingsbekämpfungsdroge« für alle Zukunft abhängig zu werden.

Resistenzspirale:

Vor allem Insekten sind - bedingt durch verschiedene evolutionsgeschichtliche Besonderheiten ihrer Entwicklung - in der Lage, die gegen sie errichteten chemischen Giftschranken nach nur wenigen Generationen zu überwinden. Sie werden gegen das sie bedrohende Insektizid unempfindlich - resistent.

»Im Laufe von Jahrmillionen haben die Pflanzen gegen den Angriff von Tieren Schutzmittel entwickelt. Viele dieser Schutzmittel sind jedem von uns geläufig: die Stacheln des Kaktus, die Dornen der Rose und eine ungeheure Vielzahl chemischer Substanzen, die der Mensch sich vielfach zunutze gemacht hat. Auch zwischen Insekten und Pflanzen brannte der evolutionäre Krieg, lange bevor der Mensch auf der Szene erschien. Die Pflanzen entwickelten fortwährend bessere Verteidigungsmechanismen, und die Insekten konterten mit besseren Angriffsmöglichkeiten. So ist es kein großes Wunder, daß die pflanzenfressenden Insekten relativ wenig Mühe haben, mit den synthetischen Pflanzengiften fertigzuwerden.«[5]

Beim Gifteinsatz stirbt die Mehrzahl der Individuen einer Insektenart. Einige wenige aber überleben den Giftschock und sind im Laufe der Zeit und nach einer Reihe von - bei Insekten sehr schnell aufeinanderfolgenden - Krisengenerationen sogar in der Lage, sich weiterzuvermehren und neue, gegen das Gift unempfindliche Populationen aufzubauen. Will man diese Insekten dann wieder vertilgen, benötigt man immer größere und immer konzentriertere Mengen des einmal eingesetzten Insektizids und häufig auch neue, »härtere« Gifte, womit dann wiederum eine große Zahl anderer Arten ausgerottet wird (vgl. Breitbandeffekt).

1946 gab es in Sri Lanka (Ceylon) 2,8 Millionen Menschen, die an Malaria erkrankt waren. Nach einer intensiven Bekämpfung der Malariaüberträgermücke mit DDT war die Zahl der Malariafälle bis 1961 auf 110 Erkrankungen gesenkt worden. Der DDT-Einsatz wurde daraufhin abgebrochen. Bis 1965 hatten sich die Populationen der Malariaüberträger jedoch soweit erholt, daß die Zahl der Malariafälle wieder auf 440644 gestiegen war, und bis zum Jahr 1970 zählte man bereits wieder 1,5 Millionen Neuerkrankungen an Malaria.

Weltweit hat sich die Zahl der gegen Gifte resistenten Insekten- und Milbenarten binnen 15 Jahren von 100 auf 370 erhöht. Unempfindlich gegen Pestizide sind mittlerweile auch 105 Überträger epidemischer Krankheiten wie Malaria und Gelbfieber.[6]

»Wer mit Chemie anfängt«, folgert der westdeutsche Wissenschaftspublizist Martin Urban, »muß immer intensiver weitermachen.« Die Chemiesucht hat die Bauern, wie Agrarwissenschaftler bei einer Fachtagung in Bonn spotteten, zu den »Fixern der Nation« gemacht.[7]

Das Ergebnis dieser Produktionsform ist vielschichtig: Neben den Problemen der Giftrückstände in unseren Nahrungsmitteln, die viele unserer unzähligen Zivilisationskrankheiten - darunter auch verschiedene Formen von Krebs - (mit)verursachen, schwindet die Artenvielfalt auf unseren Feldern und Fluren in rasantem Tempo und mit verhängnisvollen Folgen für die Zukunft.

Der Kasseler Öko-Chemiker Professor Reinhold Kickuth ermittelte, daß Unkrautvernichtungsmittel selbst in extremer Verdünnung Verhaltensänderungen bei Wasserflöhen bewirken können. Schon geringste Spuren bestimmter Herbizide, weit unterhalb der gesetzlichen Richtwerte, hemmen den Fortpflanzungstrieb der Tierchen; binnen weniger Generationen kann die Einwirkung des Gifts zum Aussterben beispielsweise von Bachflöhen führen, einer wichtigen Nahrung vieler Fischarten. Kickuth hält es für wahrscheinlich, daß auch andere Chemiegifte innerhalb des empfohlenen Dosierungsbereiches ähnliche Folgen auslösen können: »Keine der heute in Industrie und Landwirtschaft verwendeten Chemikalien«, sagt er, sei bislang auf »Wirkungen unterhalb der toxikologischen Schwelle« untersucht worden.[8]

Neben dem Breitbandeffekt und der schnellen Abhängigkeit landwirtschaftlicher Kulturen von den zahlreichen Agrardrogen bringt der Chemieeinsatz in der Natur noch andere - vielleicht noch weitreichendere - Probleme mit sich: Die ausgebrachten Chemikalien und Gifte reichern sich in unüberschaubaren und kaum kontrollierbaren Nahrungsketten und -netzen an. Dies läßt sich am eindrucksvollsten am Beispiel des DDT, dem ältesten und am meisten angewandten chlorierten Kohlenwasserstoff, aufzeigen:

Die Umweltvergiftung durch das Pestizid DDT ist heute ein weltweites Problem. DDT kann auf der ganzen Erde nachgewiesen werden, nicht nur dort, wo es angewandt wurde. Jedes Tier der Erde ist betroffen, selbst die antarktischen Pinguine, und auch in der menschlichen Muttermilch wurde DDT schon in höchst bedenklichen, eindeutig gesundheitsschädlichen Mengen gemessen.

Aber gerade die weltweite Verbreitung eines Giftes veranlaßt viele Menschen dazu, das Problem für harmlos zu halten, weil sie glauben, daß weltweite Verbreitung mit weltweiter, gleichmäßiger Verdünnung gleichzusetzen wäre.

Wenn ein Liter Gift mit einer Milliarde Liter Wasser vermischt wird - so eine beliebte Argumentation -, dann kann die höchste Giftkonzentration schließlich nur ein ppb (ein Teil auf eine Milliarde Teile = parts per billion) betragen. Dies entspräche einer lächerlich geringen Menge, etwa so unbedeutend wie der Goldgehalt im Meerwasser.

Dabei wird allerdings übersehen, daß wir es in der Natur nicht mit einem idealtypischen physikalischen System zu tun haben. In Wirklichkeit ist die Situation vollkommen anders.

Viele Meeresorganismen, z.B. Muscheln, filtrieren ihre Nahrung aus dem umgebenden Wasser und konzentrieren damit auch die im Wasser enthaltenen Gifte sehr stark in ihrem Körper. Dementsprechend enthalten diese viel höhere Konzentrationen an tödlichen Chemikalien als das Wasser, in dem sie leben. Chlorierte Kohlenwasserstoffe können sich in Austern bis zur 70000fachen Konzentration verdichten. Darauf aufbauende Nahrungsketten funktionieren dann wie eine Art biologischer Verstärker.

Im Plankton des Meerwassers wurde eine DDT-Vergiftung von nur 0,004 ppm nachgewiesen. Diese war auf der nächsten Stufe der Nahrungskette, in den Schnecken, bereits auf 0,260 ppm angewachsen, was verständlich wird, wenn man sich vergegenwärtigt, daß sich Schnecken ja nicht nur gelegentlich, sondern ständig von Plankton ernähren. Nach weiteren drei Gliedern der Nahrungskette war der DDT-Gehalt in den Organen der Möwe bereits auf 75,50 ppm angewachsen. Dies entspricht einer Zunahme um das 190fache gegenüber dem Giftgehalt des Planktons. DDT reichert sich in einer Nahrungskette also nicht lediglich linear, sondern exponentiell an. Mit wachsenden Konzentrationen erhöht sich aber auch die Schadwirkung der Chemikalie in der Natur.[9]

Die Salzwiesen auf Long Island wurden zwanzig Jahre lang zur Mückenbekämpfung mit DDT besprüht. In der oberen Bodenschicht dieses Gebietes fanden sich bis zu 40 Kilogramm DDT pro Hektar. Solche Konzentrationen sind in den Böden der Vereinigten Staaten keineswegs ungewöhnlich. Da dieses hochkonzentrierte DDT in der Nahrungskette weitergegeben wird, besteht eine akute Gefahr für fischfressende Vögel und eine ebenso akute

Gefahr für ihre Fortpflanzungsfähigkeit. Der Ausfall beim nordamerikanischen Seeadler, der auf DDT zurückgeführt werden kann, ist inzwischen so groß geworden, daß diese Art unmittelbar vom Aussterben bedroht ist. Entsprechendes gilt für die Population des Wanderfalken, des braunen Pelikans und des Bermudavogels.[10]

Jahrzehnte währte es, bis Biologen herausgefunden hatten, warum die Geburtenraten bestimmter Vogelarten sanken und warum hin und wieder tote Tiere vom Himmel fielen. Methylquecksilber, das zum Beizen schwedischen Saatgutes gegen Pilzbefall verwandt worden war, hatte sich - wie sich schließlich herausstellte - im Organismus körnerfressender Mäuse so stark angereichert, daß das Gift schließlich bei den fliegenden Mäusejägern Streßtod oder fatale Verhaltensänderungen auslöste: Viele bauten Nester ohne Boden.[11]

Auf dem Wege der Anreicherung von Giften in den Organen höherer Lebewesen sind vermutlich schon wesentlich mehr Tiere ausgestorben, als man bisher nachweisen kann. Der direkte Nachweis ist in vielen Fällen sehr schwierig, weil nicht selten zwischen dem Ort der Giftausbringung und dem Verschwinden einer Art weder ein räumlicher noch ein zeitlicher Zusammenhang erkennbar ist.

Da die Anreicherung über eine längere Nahrungskette Jahrzehnte dauern kann und andererseits der Gehalt verschiedenster Gifte in den Meeren in den letzten drei Jahrzehnten stetig gestiegen ist, ist der dynamische Prozeß der Artenausrottung durch Schädlingsbekämpfungsmittel weder abgeschlossen noch in seinen ganzen Dimensionen übersehbar. Vermutlich ist auch hier bisher nur die berühmte Spitze jenes gigantischen auf uns zutreibenden Eisberges ausgemacht worden.

Wie groß das Gefahrenpotential für die Zukunft tatsächlich ist, kann auch die Tatsache verdeutlichen, daß vom Zeitpunkt der totalen Absetzung einer Chemikalie, etwa weil man ihre Schädlichkeit für den Menschen erkannt hat, bis zum Erreichen der höchsten Konzentration in den Meeren rund 25 Jahre vergehen. Das heißt: bisher haben noch die wenigsten in der Natur ausgebrachten Gifte ihre Höchstkonzentration in den Weltmeeren erreicht.

Wenn wir gleichzeitig bedenken, daß die chemische Schädlingsbekämpfung für die nächsten Jahrzehnte gängige Praxis landwirtschaftlicher Produktionsformen bleiben wird und täglich und stündlich auf der ganzen Welt in unvorstellbaren Mengen die nötigen Chemikalien hierfür produziert werden, dann wird uns verständlich, daß der ursprünglich vermeintliche Segen »Chemie« - so wie die Dinge liegen - unvermeidlich einer der wesentlichen Mitverursacher nicht zuletzt auch der menschlichen Selbstausrottung sein wird.

Ursache: Faunenverfälschung

Überall, wo der Dingo - ein vom Menschen vor ca. 10000 Jahren nach Australien gebrachter und dort verwilderter Hund - hingelangt ist, verschwanden die einheimischen großen Raubbeutler, vor allem der Beutelteufel und der dem Dingo körperlich weit überlegene Beutelwolf. Da sich nämlich der Dingo über dieselbe Jagdbeute hermachte wie seine ansässigen Verwandten, waren die Populationen der gemeinsamen Beutetiere sehr bald stark ausgedünnt. Diese Verringerung im Nahrungsangebot ging auf Kosten des in kleinen Revieren jagenden Beutelwolfs. Der ihm an Jagdgeschick weit überlegene Dingo dagegen fand auch in großen Revieren noch genügend Känguruhs, um sich behaupten zu können. Beutelwolf und Beutelteufel sind durch den Eindringling verdrängt worden und schließlich ausgestorben. Lediglich auf der Insel Tasmanien, die vom Dingo nicht erreicht werden konnte, gibt es den Beutelwolf auch heute noch.[12]

Jede Tier- und Pflanzenart ist Teil einer ganz bestimmten Biotopform, in der sie heimisch ist und eine genau definierbare ökologische Nische besetzt hält. Sie kommt unter natürlichen Bedingungen nur in diesem Biotop vor und erfüllt - eingebunden in ein geschlossenes Ökosystem - naturgesetzlich festgelegte Funktionen zum Nutzen ihrer eigenen Art und zum Vorteil aller Artengesellschaften des Systems. Zwischen den Arten eines meist auf möglichst große Vielfalt angelegten Biotops besteht ein Gleichgewicht, welches durch zahlreiche vernetzte Wechselbeziehungen reguliert wird und so ausbalanciert ist, daß jede Art gesichert fortbestehen kann, andererseits aber nicht in der Lage ist, Biotopgenossen etwa durch Nahrungskonkurrenz oder explosionsartige Vermehrung zu verdrängen.

Wenn nun - wie im vorangestellten Beispiel geschildert - biotopfremde Tier- oder Pflanzenarten durch menschliches Zutun in ein geschlossenes Ökosystem eingebracht werden, kann dies verhängnisvolle Folgen haben. Der neue, völlig andersartige Lebensraum kann dem Eindringling beispielsweise ideale Lebensbedingungen - optimales Nahrungsangebot ohne Nahrungskonkurrenten und ohne natürliche Feinde usw. - bieten, so daß er sich auf Kosten der heimischen Arten ungewöhnlich vermehrt. Im Extremfall führen derartige Massenvermehrungen auch zur Verdrängung zahlreicher biotoptypischer Arten oder sogar zu totalen ökologischen Zusammenbrüchen.

Im Jahre 1859 wurden in Australien von dem jagdbegeisterten Farmer und Waidmann Autin 24 aus England stammende Kaninchen ausgesetzt. Sie sollten sich dort vermehren, um als Jagdgut zu dienen. Die Kaninchen erwiesen sich gegenüber den heimischen kleinen Beutlern mit ähnlichen ökologischen Ansprüchen als hoffnungslos konkurrenzüberlegen und drängten diese in die Bestandsgefährdung. Da die Kaninchen einerseits ideales Nahrungsangebot vorfanden und andererseits bestandsregulierende Feinde (Füchse, Iltisse und Krankheitserreger) vollkommen fehlten, vermehrten sie sich in nur wenigen Jahren so stark, daß sie zur Landplage wurden. Sie erreichten schließlich den Rekordstand von 750 Millionen Exemplaren und verursachten unübersehbaren Schaden für die Landwirtschaft, weil sie alle Weiden blank fraßen und den Schafen nur ungenießbares Kraut übrigließen. Das Land gelangte an den Rand einer wirtschaftlichen Krise.

Zur Bekämpfung der Kaninchen wurden u.a. auch Katzen eingeführt. Diese fraßen allerdings nicht die Kaninchenbabies, wie vorgesehen, sondern rotteten die einheimischen Paradiessittiche aus und vermehrten sich selbst sehr stark. Auch eine zur Bekämpfung absichtlich infizierte Virusseuche führte nur bedingt zur Abwendung der Plage.

Von besonderer wirtschaftlicher Bedeutung kann die Verschleppung von Pflanzenschädlingen sein. Deshalb sind bei der Einfuhr von Pflanzenmaterial aus fremden Ländern strenge Kontrollmaßnahmen erforderlich. Ein berühmtes Beispiel liefert die auf Zitrusfrüchten lebende Wollschildlaus. Als im Jahre 1886 Zitronen- und Orangenpflanzen aus Australien zur Anpflanzung nach Kalifornien importiert wurden, wurden gleichzeitig einige Exemplare der bislang in Nordamerika fehlenden Wollschildlaus eingeschleppt. Sie vermehrte sich in Kalifornien so stark, daß der Anbau von Zitrusfrüchten zu erliegen drohte. Im Heimatland Australien hingegen spielte die Wollschildlaus als Schädling überhaupt keine Rolle, da sie dort durch natürliche Feinde in erträglichen Schranken gehalten wurde.

Eine schlimme Auswirkung hatte die Einfuhr exotischer Zierfische im US-Staat Florida. An regnerischen Tagen überqueren Hunderte siamesischer Raubwelse die Straßen – und zwar zu Fuß! Daß diese Fische laufen und an Land atmen können, hatte niemand bedacht, als die rosafarbenen Thailänder 1964 eingeführt wurden. Bei den ersten schweren Regenfällen machten sich die Zierfische aus Gartenteichen und Freilandbecken auf die »Flossen« zum nächsten natürlichen Wasserlauf. Wo immer die Raubwelse auftauchen, vernichten sie praktisch alle anderen Fische, selbst die größten und wehrhaftesten. Sogar die gefürchteten brasilianischen Piranhas ergreifen vor den Siamesen die Flucht. Auch den Kampf mit den gleich großen und höchst aggressiven amerikanischen Katzenwelsen gewinnen die vermehrungsfreudigen Importe mit tödlicher Sicherheit.[13]

Vor Jahren wollte ein spanischer Grundbesitzer mit der Einbürgerung amerikanischer Clarkee-Flußkrebse ohne Mühe viel Geld verdienen. Die Clarkees aus dem Missouri erfreuen sich bei Feinschmeckern höchster Wertschätzung und erzielen entsprechend hohe Preise. Der Grundbesitzer, Herr über riesige Reisfelder im sumpfigen Mündungsgebiet des Guadalquivir südlich von Sevilla, setzte die Krebse in seinen Reispflanzungen aus und harrte des sicheren Gewinns. Nach einem Jahr waren aus 500 schon 20000 Clarkees geworden - und aus der Hoffnung auf Profit eine Plage. Denn die Krebstiere nährten sich nicht etwa wie im Missouri von Unkraut, sondern von den kostbaren Reispflanzen. Außerdem gruben sie sich in die Wälle der Reisfelder ein und zerstörten dort das kunst- und mühevoll angelegte Terrassensystem.

Entsetzt versuchte der Gutsherr, die Krabbeltiere wieder einzufangen. Doch trotz aufwendiger Aktionen erwischten seine Männer nicht einmal die Hälfte, die anderen aber vermehrten sich immer schneller. Auch gegen Bekämpfungsmittel waren die Sechsbeiner immun. Zur Zeit krabbeln etwa zehn Millionen von ihnen in Spaniens Süden und vernichten weite Teile der Reisfelder. Verzweifelt wird jetzt nach den natürlichen Feinden der Clarkees gesucht, die den Vormarsch aufhalten können. Fragt sich nur - sollte ein Gegner gefunden werden -, wer diesem nach getanem Werk dann wiederum Einhalt gebietet.[14]

Auch in Europa haben eingeführte Arten gelegentlich unerwartete Folgen hervorgebracht: So hat sich die 1840 aus Kanada eingeschleppte Wasserpest - eine Pflanzenart, die die Gewässeroberfläche überwuchert - in unseren Flüssen stürmisch verbreitet. Sie wurde ein Problem für die Wasserwirtschaft.

Der böhmische Fürst Coloredo-Mansfeld brachte 1905 als Reisemitbringsel von einer Jagdreise nach Alaska fünf Bisamratten nach Europa und setzte sie in den Teichen seines Schlosses bei Prag aus. Von dort aus breiteten sich die Bisamratten über ganz Mitteleuropa aus. Sie gelten heute bei uns als Schädlinge, weil sie schwere Schäden durch Unterwühlen von Uferdämmen und Uferschutzbauten an Flüssen und Bachläufen verursachen. Allein in der Bundesrepublik stellen mehr als 1000 Pelzjäger den Tieren von Amts wegen nach.

In Finnland und weiten Teilen der Sowjetunion wurden Bisamratten ausgesetzt. Ihre Verbreitung ist inzwischen in der Alten Welt größer als im heimatlichen Nordamerika.[15]

Zu einem ähnlichen Problem könnten in absehbarer Zukunft die in Europa eingebürgerten Waschbären werden. Sie haben nahezu alles auf ihrer Speisekarte, was in unseren Wäldern kreucht und fleucht. Die etwa einen Meter langen Tiere wurden 1934 am Edersee ausgesetzt. Bis zum Jahr 1960 brachten sie es auf rund 1000 Exemplare; heute sind sie mit mehr als 120000 Tieren in Deutschland nördlich der Donau heimisch geworden. Daß sie sich weiter ausbreiten, steht außer Zweifel, denn die Waschbären haben in Europa keine ebenbürtigen Feinde. Nicht einmal der Mensch wird ihnen gefährlich, denn die Pelztiere gehen vorwiegend nachts auf Beutezug und zeigen dabei außerordentliche Vorsicht und Intelligenz. Viele unserer Waldtiere, vor allem Vogelarten, sind heute durch den biotopfremden Waschbären zusätzlich gefährdet.

Das natürliche Wechselspiel von Fauna und Flora in einem Ökosystem kann aber nicht nur durch das Einbürgern (Hinzufügen) fremder Arten verhängnisvoll gestört werden, sondern auch durch die Herausnahme einer einzelnen in das System integrierten Tier- oder Pflanzenart. Dies erhellt das Beispiel des Bitterlings:

Selbst wo das Wasser noch sauber genug ist, um den fingergroßen Fisch am Leben zu halten, stellt sich oft kein Nachwuchs mehr ein. Denn minimaler Schmutzgehalt reicht bereits hin, um die Fluß- oder Teichmuschel abzutöten, die dem Bitterling als Laichgefäß dient. Ohne diese Muschel ist der Fisch nicht mehr fortpflanzungsfähig.

Bitterlinge und andere Millionenfische aber, die noch vor wenigen Jahrzehnten in vielen Gewässern den Hauptanteil der Biomasse ausmachten, haben einst die Mückenplage in Grenzen gehalten, die nun mit Insektiziden bekämpft wird. Und sie waren wichtige Glieder der Nahrungskette: Ihr Verschwinden ist eine der Ursachen für den Rückgang von Großfischen, aber auch von Fischkonsumenten wie Eisvogel und Graureiher. Die Reiher weichen, nachdem ihre natürlichen Nahrungsquellen versiegt sind, zu Hunderten auf kommerziell betriebene Fischteiche aus. Dort werden sie mancherorts mit behördlicher Sondergenehmigung geschossen, obwohl sie in den Roten Listen in der (zweithöchsten) Gefährdungskategorie »A2« geführt werden.[16]

Durch das Einschleppen von Schädlingen in fremde Biozönosen bringt sich der Mensch häufig selbst in die Zwangslage, zusätzliche, zuweilen sehr bedenkliche chemische Schädlingsbekämpfungsmittel einsetzen zu müssen. Und selbst damit gelingt es ihm nur selten, die Geister, die er rief, auch tatsächlich wieder loszuwerden.

In Neuseeland - einem Inselstaat, dessen Flora und Fauna durch die Überfremdung mit eingeführten Arten seit der Besitzergreifung durch den weißen Mann schon viele verlustreiche Erschütterungen überstehen mußte - wurde aus England als Blumenzier für Heckenzäune Stechginster *(gorse)* eingeführt. Unter dem Einfluß optimaler Klimabedingungen konnten sich die Ginstersträuche im ganzen Land rasant ausbreiten und auch die Weiden für Rinder und Schafe überwuchern. Zur Eindämmung der »Ginsterplage« wurde das aus dem Vietnamkrieg bekannt gewordene Entlaubungsgift *Agent Orange* großflächig eingesetzt. Die Folgen waren verheerend: Einerseits wurden durch den Gifteinsatz viele heimische Pflanzen- und Insektenarten ausgerottet. Andererseits kamen auch die Haus- und Nutztiere (Hunde, Katzen, Rinder, Schafe und Lämmer) sowie schließlich die Menschen selbst direkt oder auf dem Umweg über die Nahrungskette mit dem Gift in Berührung. Neuseeland hat heute die höchste Dickdarm- und Hautkrebsrate der Welt.

Ein Verbot des Gifteinsatzes ist trotzdem nicht in Sicht. Zu mächtig sind hier - wie anderwärts - die einflußreichen wirtschaftlichen Interessengruppen in die Legislative und in die Administration des Landes eingebunden, und zu gering ist hier - wie anderwärts - die gesetzgeberische Verantwortung, die Leben und Gesundheit des Menschen über Wirtschaftsinteressen stellt - trotz großartiger anderslautender Lippenbekenntnisse in den Verfassungen.[17]

Vor allem unter dem Eindruck derartiger Fehlschläge wurde bei eingeschleppten Schädlingen mit beachtlichen Erfolgen der Weg der biologischen Schädlingsbekämpfung gewählt. So kann die »Nachlieferung« der fehlenden Gegenspieler der Schädlinge die wichtigste Hilfe bei ihrer Bekämpfung sein: Der deutsche Insektenforscher K. Koebele hatte herausgefunden, daß die nach Kalifornien verbrachte Wollschildlaus in ihrem Heimatgebiet in Australien durch eine Marienkäferart kontrolliert wurde. (Der Käfer und seine Larven sind die Freßfeinde der Schildlaus.) Daraufhin schickte man 129 Exemplare des Käfers nach Kalifornien, wo diese zunächst gezüchtet und dann in Massen freigelassen wurden. Der Erfolg war durchschlagend.

Nicht nur gegen Schadinsekten, auch gegen Unkräuter lassen sich spezialisierte (monophage) Insekten einsetzen. So hat man die Opuntie, eine von Amerika nach Australien verbrachte Kakteenart, die dort zu einer regelrechten Landplage geworden war, mit einer auf sie spezialisierten Schmetterlingsraupe aus der Gruppe der Zünsler mit Erfolg bekämpft.[18]

Natürlich darf über diesen bedeutenden Erfolgen der biologischen Schädlingsbekämpfung nicht übersehen werden, daß diesen Möglichkeiten auch Grenzen gesetzt sind. Bei der Nachlieferung der den Schädling bekämpfenden Feinde müssen die damit verbundenen Risiken sorgsam geprüft werden. Andernfalls läuft man Gefahr, daß der nachgelieferte Schädlingsvertilger seinerseits zum nicht mehr unter Kontrolle zu haltenden Schädling wird, wie u. a. auch das Beispiel der Katzen auf Marion Island zeigt.

Damit sollen allerdings die zahlreichen weltweiten Bemühungen, die chemische Schädlingsbekämpfung immer mehr durch biologische Formen der Schädlingseindämmung zu ersetzen, unter gar keinen Umständen herabgewürdigt werden.

Innerhalb des Gesamtspektrums der Ursachen des Artensterbens (vgl. Abb. 4) scheint die Faunenverfälschung nach den erkennbaren Trends eine immer geringere Rolle zu spielen, vor allem, wenn man es in Prozentanteilen ausdrückt. Wenn man aber in Betracht zieht, daß das Artensterben insgesamt in geradezu astronomischen Dimensionen anwächst, dann wird verständlich, daß die durch Faunenverfälschung ausgelöste Artenvernichtung in absoluten Zahlen nicht ab-, sondern zunimmt.

Touristen, Hobbytaucher, Blumen- und Kakteenfreunde, Züchter exotischer Tiere und Pflanzen, Aquarianer usw. beschwören durch Tier- und Pflanzenverschleppungen in industriellen Dimensionen unbeabsichtigt und meist aus Unwissenheit kaum mehr steuerbare zusätzliche ökologische Gefahren herauf.

Zudem schickt sich eine neue Form der Faunenverfälschung, die Manipulation mit den Genen oder künstliche Rekombination von Erbgut im Reagenzglas, an, bisher unbekannte Bedrohungen für den gesamten genialen Bau der Natur und den Fortgang der Evolution zu schaffen: »Neue Zellkultur-Techniken ermöglichen die Verschmelzung verschiedener Zellen, etwa von Hamster und Mensch oder von Huhn und Hefe, zu ›Hybridzellen‹. Mikroorganismen können gezielt auf industriell verwertbare Eigenschaften selektiert und in ›Bio-Reaktoren‹ in großem Maßstab vermehrt werden. Und die neuen Reproduktionstechnologien – Retorten-Befruchtung, Tiefkühlembryonen und so weiter – verlagern die menschliche (und tierische) Fortpflanzung ins Labor. Die Kombination aller dieser Techniken erlaubt die gezielte genetische Manipulation, die ›Neuschöpfung‹ von Lebewesen – bis hin zum Menschen«, schreibt Sabine Rosenbladt in ihrer Genserie »Biotopia«.[19]

Es scheint, als gerieten die uralten Phantasie- und Fabelwesen aus antiken Mythologien und Sagen aus der frühesten Menschheitsgeschichte – Gottheiten: halb Mensch, halb Stier; Wassernixen: halb betörend weibliche Schönheit, halb enttäuschend graziler Fisch; barocke Engel mit Adlerschwingen und selbst der gehörnte und schwanzbewehrte Luzifer – immer mehr in den Bereich technischer Machbarkeit. Und was der Mensch kann, so eine unumstößliche historische Erfahrung, das macht er auch – früher oder später.

Dabei ist das, was die Menschheitsphantasien früherer Zeiten zusammenkombiniert haben, nur ein ganz schwacher Abglanz all dessen, was inzwischen tatsächlich möglich geworden ist. Sabine Rosenbladt faßt in dem oben zitierten Artikel den gegenwärtigen Stand der Forschung und die Erwartungen von Wissenschaft, Landwirtschaft, Industrie und Militär zusammen:

»In der Medizin sind gentechnisch hergestellte Substanzen, wie Insulin, Alpha-Interferon oder menschliches Wachstumshormon, bereits auf dem Markt. (. . .)

Für die Landwirtschaft will man neue Wunderpflanzen entwikkeln: Sie sollen ungleich ertragreicher, schnellwüchsiger und krankheitsresistenter sein als heutige Nutzpflanzen; sie sollen in Trockenzonen und auf salzhaltigen Böden gedeihen, über eingebaute Bakterien-Toxine für Schädlinge giftig sein und sich selbst düngen, indem sie sich den nötigen Stickstoff aus der Luft holen. Die Tierzucht ist auf dem Weg zum serienmäßigen Super-Standardmodell schon weit vorangeschritten: Mit Embryo-Transfer und Embryo-Splitting vermehrt man bereits bevorzugt nur noch ›Hochleistungstiere‹; transgene Neuschöpfungen, etwa Schweine mit künstlich eingebautem menschlichem Wachstumshormon-Gen, sollen durch Riesenwuchs ihre Fleischproduktion steigern, mit injiziertem Rinderwachstumshormon ›gedopte‹ Kühe noch mehr Milch geben.

Umweltprobleme, so verspricht die Industrie, werden demnächst durch gentechnisch manipulierte Mikroben gelöst, die Schadstoffe von Dioxin bis Erdöl ›fressen‹ können. Enzyme als Bio-Katalysatoren sollen chemische Stoffe ersetzen; die Chemieproduktion soll überhaupt viel ›umweltfreundlicher‹ werden durch den Einsatz von Bakterien, die bei normalem Druck und Zimmertemperatur arbeiten. (. . .)

Einzellerproteine, aus Hefen und anderen Mikroorganismen gewonnene Eiweiße, sollen die Ernährung revolutionieren. Das Zauberwort heißt ›Food-Design‹: Zucker, Kaffee, und Zitrusfrucht-Zotten will man aus billigen Grundstoffen im Labor produzieren.«[20]

In ungezählten Laboratorien auf der ganzen Erde wird eifrig daran gearbeitet, Bakterien und verschiedenste dienstbare Einzeller zusammenzumischen, die sich zur Ölpestbekämpfung verwenden lassen, die Kupfer, Uran oder Gold schürfen, die Plastik abbauen und Chemiemüll in Rohstoffe zurückverwandeln. Neuartige, ständig nachwachsende Pflanzenkulturen sollen die zur Herstellung von Treibstoffen erforderliche Bio-Masse liefern. Die

Anstrengungen im militären Bereich sind nicht geringer. Man versucht, mit Hilfe künstlich rekombinierter genetischer Neuschöpfungen neuartige biologische Kampfstoffe zu entwickeln.

In der Euphorie solcher Zukunftsperspektiven werden - wie so oft in unserer allzu fortschrittsgläubigen Zivilisation - die zahlreichen Biogefahren und Risiken der Gentechnologie auch in der »Fachwelt« - in der Politik sowieso - weithin übersehen oder verdrängt. Dabei sind die daraus erwachsenden Bedrohungen mit denen der atomaren Energienutzung mindestens gleichzusetzen.

Was passiert, wenn derlei künstlich geschaffene Lebewesen aus der Retorte gewollt oder durch ein Mißgeschick in natürliche Ökosysteme entweichen, sich dort vermehren und ausbreiten? Welche völlig unkontrollierbaren Zerstörungsprozesse vermögen sie in der Biosphäre auszulösen? Bestehen überhaupt jemals irgendwelche Chancen, entwichene Lebewesen zurückzuholen, wenn es gelungen ist, ihre katastrophalen Aktivitäten in bestehenden Ökosystemen nachzuweisen? Was geschieht aus den ölvernichtenden oder kupferschürfenden Bakterienkolonien, wenn die Arbeit getan ist?

Dabei ist nicht in erster Linie an die großen, sichtbaren Neuschöpfungen von Lebewesen zu denken, sondern vor allem an die unsichtbaren und daher nicht überwachbaren Mikroorganismen, die ja hauptsächlich Gegenstand biotechnischer und biochemischer Manipulationen sind. Die uns bekannten Beispiele der Faunenverfälschung können hier nur ein ganz bescheidener Anstoß zu Beflügelung der Phantasie sein.

Ursache: Überjagen und Überernten

Noch zu Beginn des vergangenen Jahrhunderts grasten auf den endlosen Ebenen westlich des Mississippi unzählbare Büffelherden. Der Gesamtbestand der Bisons, wie man den amerikanischen Büffel nannte, dürfte bei 60 bis 70 Millionen Tieren gelegen haben. Für die Indianer waren diese Büffelherden von existenzieller Bedeutung. Der Büffel, der für sie übrigens sehr schwer und risikoreich zu jagen war, diente ihnen vornehmlich als Fleischlieferant. Daneben wurden natürlich auch die Knochen verwertet und aus den Häuten Kleidung und Zelte hergestellt. Der Dung der Tiere schließlich war in den baumlosen Ebenen der weiten Prärien das einzige verfügbare Feuerungsmaterial.

In den ersten drei Jahrhunderten seit dem Eintreffen des weißen Mannes in Nordamerika gelang es ihm, mit seinen überlegenen Waffen etwa eine Million Büffel zur Strecke zu bringen. In der Folgezeit sollte es dann weniger als hundert Jahre dauern, den Rest von über 60 Millionen Tieren zu erlegen.

Die großen Büffelmassaker begannen in der ersten Hälfte des vergangenen Jahrhunderts. Der weiße Mann schickte sich an, die Büffel in Massen abzuschlachten. Die Beweggründe für die Büffeljagden waren vielfältig. Zunächst ging es aber hauptsächlich darum, den Indianern ihre Lebensgrundlage zu entziehen.

Der amerikanische General Sheridan erläuterte die Politik der Regierung und des US-Militärs der damaligen Zeit: »Die Büffeljäger haben in den vergangenen zwei Jahren mehr für die Lösung der ärgerlichen Indianerfrage getan als die gesamte reguläre Armee in den letzten 30 Jahren. Sie zerstörten das Verpflegungsmagazin der Indianer. Schickt ihnen Pulver und Blei, wenn ihr wollt, und laßt sie töten, abhäuten und verkaufen, bis sie den Büffel ausgerottet haben.« Später schlug Sheridan dem Kongreß sogar vor, er solle eine Medaille zu Ehren der Büffeljäger prägen lassen mit einem toten Büffel auf der einen Seite - und einem toten Indianer auf der anderen.[21]

Überdies bot die Ausbeute der Büffelherden den Jägern - dahergelaufenen Glücksrittern und Abenteurern aus Europa - wegen der plötzlich wachsenden Nachfrage nach Leder jeder Art großartige Aussichten auf Gewinn. Büffeldecken, an denen noch das dicke wollige Haar hing, waren im östlichen Amerika und in Europa unerwartet so sehr in Mode gekommen, daß sie für viele Menschen zu einem geradezu existenziellen Bedürfnis wurden.

Jeder schien einfach eine Kutschendecke aus Büffelhaut haben zu müssen.

Die Ausbeutung der Tiere beschränkte sich nicht nur auf Fleisch, Fell und Leder. Viele Tiere wurden wegen ihres Fetts abgeschossen, das als Talg in den Industriebetrieben des Ostens in Amerika verarbeitet wurde. Und unzählige andere Tiere verendeten allein wegen ihrer Zunge, die als besondere Delikatesse galt. Nicht der geringere Teil der Büffelherden aber starb allein zur nackten Befriedigung ungezügelter Lust am Töten.

Farley Mowat schreibt in seinem mit verschiedenen Preisen ausgezeichneten Buch *Der Untergang der Arche Noah:* »Zwischen 1850 und 1885 waren von amerikanischen Händlern nahezu achtzig Millionen Büffelhäute verkauft worden. Die meisten wurden mit den Eisenbahnen nach Osten geschickt, die direkt und indirekt viel zur Ausrottung der Büffel beigetragen hatten.«

Und Mowat fährt fort: »Die Eisenbahngesellschaften nutzten die Büffel auch zur Unterhaltung ihrer Fahrgäste. Wenn ein Zug in Schußweite einer Herde kam, fuhr er langsamer oder hielt an, die Fenster wurden heruntergelassen, und die Passagiere wurden zu sportlicher Betätigung eingeladen: Gewehre und Munition wurden von der Gesellschaft umsichtig zur Verfügung gestellt. Männer und Frauen nutzten die Gelegenheit, sich zu ›amüsieren‹. Die Kadaver wurden nicht verwertet, wenn man davon absieht, daß manchmal ein Bremser oder Schaffner einige Zungen herausschnitt, die der Koch den Damen und Herren bei der nächsten Mahlzeit in Anerkennung ihrer Schießkünste servierte.«[22]

Militärstrategische Erwägungen, bloße Gewinnsucht, modische Trends, blinde Schießwut - sogenannter Sportsgeist - und nackte Lust am Töten hatten die einst riesigen Büffelherden in nur wenigen Jahrzehnten bis auf ein paar hundert Tiere reduziert.

Um 1900 traf man dann endlich die ersten Schutzmaßnahmen, durch die der Bison gerade noch rechtzeitig vor der völligen Ausrottung bewahrt wurde. Heute gibt es wieder etwa 25 000 Tiere in Nordamerika, die sich auf Nationalparks und private Herden verteilen.

»Spezialisten gelangten unlängst zu dem Schluß«, so schreibt

Farley Mowat, »daß die Kapazität der Ebenen des Westens, Rindfleisch unter menschlicher Bewirtschaftung zu produzieren, niemals die Kapazität der ehemals dort lebenden Büffel erreicht hat. Alles, was man durch die Ausrottung des Büffels und die Einführung von Hausrindern erreichte, ist, daß man ein weniger nutzbares Haustier an die Stelle eines wertvolleren und robusteren setzte.«[23]

Daß man Arten durch überstarkes Bejagen, allzu intensive Fischerei oder durch zu rücksichtslose Aberntung ausrotten könnte, wurde und wird von vielen sogar namhaften Biologen und Naturforschern immer wieder bestritten. Zum einen wurde es ganz allgemein für unmöglich gehalten, von einer Tier- oder Pflanzenart alle einzelnen Individuen aufzuspüren, um sie zu töten oder abzuernten. Insbesondere bei Meeresfischen schien dies undenkbar zu sein. Zum anderen hatte man angenommen, daß Jagd oder Fischerei von selbst aufhören würden, sobald von einer Art nur noch so wenige Exemplare existierten, daß es sich finanziell nicht mehr lohnen würde, diese letzten Artvertreter zu jagen. Damit hätte dann eine verbliebene Restpopulation wieder die Chance, sich von der menschlichen Dezimierung zu erholen und einen neuen überlebensfähigen Stamm aufzubauen.[24]

Diese Thesen mochten in der Vergangenheit bei einer Vielzahl von Arten durchaus richtig gewesen sein; in nicht wenigen Einzelfällen haben sie sich leider als unrichtig erwiesen, wie das Beispiel des amerikanischen Büffels eindrucksvoll belegt.

Solange der Mensch mit noch verhältnismäßig einfachen Mitteln Jagd und Fischerei betrieben hatte, hatte auch das Tier seine »Chance«, zumindest in der Auslegung gängiger Jägerphilosophien. Mit der Entwicklung moderner Waffen jedoch – und hierzu gehörte bereits das einfachste Schießgewehr – änderte sich die Situation grundlegend. Was ursprünglich im waidmännischen Sinne eine »faire« Jagd war, wandelte sich in vielen Fällen zu einer regelrechten Ausplünderung der Natur im industriellen Stil.

Modernste elektronische Ortungsapparaturen, weltraumgesteuerte Kameras, funk- und radargestützte Hubschraubereinsätze, PS-starke Luft-Bodenfeldzüge und professionell organisierte Jagdoperationen ermöglichen die mühelose »Jagd« auch auf die bestgetarnte Raubkatze, das schnellste Nashorn, den verstecktesten Wolf oder Bären, den letzten blasenden Wal, den verborgensten Koala, den entferntesten Heringsschwarm usw. Die Ausrottung von vielen Arten durch Jagd, Fang oder Fischerei ist auf diese Weise zur schmerzlichen Realität geworden.

Verzweifelte Armut der Menschen in der Dritten Welt, Aberglaube, kultische Rituale, überkommene Traditionen, ungezügelte Profitgier gewissenloser Geschäftemacher und harte Wirtschaftsinteressen erweisen sich häufig genug als ebenso schrecklicher wie wirkungsvoller Motor zur Artenvernichtung im großen Stil.

Krankhaft neurotische Exzesse des Zivilisationsmenschen, wie glühender Jagdfanatismus, zügellose Sammlerleidenschaft, sogenannter Sportsgeist, Wohlstandsverrohung und Wohlstandsverwahrlosung, übersteigertes Prestigedenken und Renommiersucht, milieu- und sozialisationsbedingte Barbarei sind nicht selten der unbewußte Antrieb nicht nur für unvorstellbare Tierquälereien aller Art (Fußballspiel amerikanischer Wissenschaftler mit Pinguinen in der Antarktis, Weitwerfen mit Hunden, Wettangeln, Exotensammlungen in Volieren, Aquarien oder als Trophäen mit dem dazugehörigen Beschaffungshandel usw.), sondern auch zu hemmungsloser Jagd und Ernte bis zur Ausrottung.

Die völlig unzureichende und wenig fundierte Auseinandersetzung mit den elementaren Funktionszusammenhängen der Natur und ihrer Ökosysteme in unseren Schulen, die mangelnde Erziehung zur Verantwortung für die Schöpfung und vor allem die in unseren »Bildungsfabriken« erfolgende Grundlegung von Leistungs-, Wettbewerbs-, Status- und Prestigedenken, verbunden mit einer unkritisch überzogenen Zentrierung des Menschen im Weltganzen, bewirken ein übriges, wenn vielleicht auch ungewollt.

Viele dieser Fehlleistungen menschlichen Denkens und Verhaltens sind keineswegs eine Erscheinung erst unserer Zeit. Die meisten haben in unserer Kultur und Zivilisation eine sehr lange Tradition mit unterschiedlichen Ausprägungen zu verschiedenen

Zeiten. Nur konnten sie sich wegen der beschränkten technischen Mittel und Möglichkeiten bisher nicht so katastrophal auswirken wie eben heute. Die Dimensionen sind neu und machen den entscheidenden Unterschied; die Denkweisen sind meist uralt!

Aus der überreichen Fülle von Beispielen der Artengefährdung durch Überjagen, Fangen und Überernten sollen hier nur einzelne herausragende näher skizziert werden. Eindrucksvolle und ergreifende Beispiele vor allem aus dem kanadischen Raum und der Pioniergeschichte Nordamerikas schildert Farley Mowat in seinem neuen, überaus lesenswerten Buch *Der Untergang der Arche Noah.*

Robbenschlachten in Neufundland

Das Junge der Sattelrobbe wurde bis zum jüngst ausgesprochenen und nur sehr halbherzig befolgten Jagdverbot ausschließlich wegen seines weißen Fells, das es in den ersten vier Lebenswochen trägt, alljährlich im Frühjahr in den arktischen Zonen Kanadas, Grönlands und Rußlands gejagt. Die übliche Tötungsmethode war dabei das Knüppeln mit einer Hacke, da auf diese Weise das Fell nicht beschädigt wurde. Diese Tötungsmethode wurde offiziell als die humanste bezeichnet. Unabhängige Wissenschaftler stellten allerdings nach zahlreichen massiven Protesten von Naturschutzorganisationen der ganzen Welt fest, daß jedes dritte Robbenbaby nach dem Schlag mit der Hacke noch am Leben war. Bis zu 30% der Tiere wurden lebendig enthäutet.

In den letzten 200 Jahren wurden bei nur geringfügigen Veränderungen der Fangmethoden rund 700 Millionen Sattelrobbenbabies erlegt. Der geschätzte Bestand ist in den letzten 30 Jahren von 10 Millionen auf 1,3 Millionen Tiere zurückgegangen.

Die jährliche Geburtenrate liegt heute - nach allgemein anerkannten Schätzungen - bei etwa 300000 *Whitecoats,* wie man die Robbenbabies wegen ihres noch weißen Fells nennt. Nach Abzug der zwischen 100000 und 150000 betragenden jährlichen Fangquote, der Verlustrate durch die natürliche Auslese sowie durch die immer intensiver betriebene Fischerei und der steigenden Verluste durch die Meeresverschmutzung bleiben nur etwa 60000 Jungtieren reelle Überlebenschancen.

Es muß fraglich bleiben, ob dieser Nachwuchs ausreicht, um auf Dauer eine überlebensfähige Population zu erhalten. Fraglich bleibt außerdem, ob es in der Absicht des kanadischen Fischereiministeriums liegt, die Sattelrobben wie auch verschiedene andere gefährdete Robbenarten zu schützen und zu erhalten. Nach den gegenwärtig erkennbaren Trends jedenfalls scheint die Ausmerzung von Meeressäugern aller Art zum angeblichen Schutz von Fischerei-Ressourcen trotz aller gesetzlicher Schutzbestimmungen und Absichtserklärungen fortgesetzt zu werden. Lediglich die Sowjetunion hat die Robben unter wirksamen Schutz gestellt.

»Was die Robbennationen (so nennt man die Robbenherden) der nordöstlichen Küsten Amerikas retten wird - sofern sie überhaupt noch zu retten sind -, ist die fortgesetzte unerbittliche und beharrliche Arbeit von Organisationen wie dem International Fund of Animal Welfare (IFAW)«, meint Farley Mowat.[25]

Kakteensammeln

Auch Pflanzen haben immer mehr unter Sammlern und Jägern zu leiden. Betroffen sind beispielsweise zahlreiche Arten unter unseren alpinen Bergblumen, die von Bergwanderern trotz ständiger Hinweise gepflückt werden. In anderen Regionen der Erde sind es vor allem Kakteen.

»Im Südwesten der USA, jenem Zentrum des Schlangenwilderns, ist zur Zeit noch eine andere Tätigkeit in Mode gekommen - das Kakteensammeln. Kakteen sind in den USA so beliebt, daß zwischen 1977 und 1978 fast sieben Millionen Stück aus fünfzig Ländern eingeführt wurden. Aber viele Sammler holen sich ihre Pflanzen auch selbst aus den Wüsten der USA. Die Gesetze Arizonas verbieten bereits ein Ausgraben für 222 Kakteenarten. Aber selbst die schärfsten Gesetze können den gegenwärtigen Kakteenwahnsinn nicht bremsen.

Allein in Arizona ist der Pflanzendiebstahl heute eine Unternehmung mit rund einer Million Dollar Jahresumsatz. Die Folge ist, daß 72 Kakteenarten, also etwa ein Viertel der gesamten Pflanzenfamilie akut vom Aussterben bedroht oder gefährdet sind.«[26]

Walfang

Die meisten Walarten wurden von den Menschen schon seit Jahrtausenden gejagt, ohne daß ihre unvorstellbar großen Völker nennenswert dezimiert worden wären. Einzelne Arten allerdings – so der verhältnismäßig kleine Grauwal – wurden schon im 14. Jahrhundert regional praktisch ausgerottet.

Die eigentliche Ausrottung beinahe der gesamten Palette der großen Meeressäuger begann erst 1905 mit der Entdeckung, daß man aus Walöl (mittels Fetthärtung) Margarine produzieren kann. Walöl bzw. Walwachs wurde auch für Firnis, Linoleum, Schuhcreme, Autowachs, Lippenstifte und viele andere Zwecke verwendet.

Zwischen 1904 und 1939 wurden insgesamt weit über 2 Millionen große Wale erlegt. Nachdem die nördlichen Polarmeere zunehmend leergefischt waren, konzentrierte sich die Jagd auf die antarktischen Zonen. Gegen Ende der vierziger Jahre töteten 20 bis 25 Hochseeflotten jährlich 25 000 bis 30 000 Wale, zumeist Blauwale aus den antarktischen Walpopulationen. 1950 waren die antarktischen Blauwale, von denen es ursprünglich eine viertel bis eine halbe Million gegeben hatte, so gut wie verschwunden.

Während der beiden Weltkriege hatten die Wale auch unter den militärischen Aktionen stark zu leiden. Selbst nach dem Krieg benutzten Flugzeuge der US-Marine Wale regelmäßig als Übungsziele und griffen sie mit Maschinengewehren, Bordkanonen, Raketen, Wasserbomben und Bomben an. Zielschießen und U-Boot-Abwehr wurde von den Seestreitkräften vieler Nationen an Seetieren geübt. »Große Wale«, so erklärten die Militärs, »stellten nicht nur ausgezeichnete Attrappen für feindliche U-Boote dar, sie kosteten obendrein dem Steuerzahler keinen Penny.«

Nach der rücksichtslosen Ausbeute der Wale setzt heute eine Internationale Walkommission (IWC) die jährlichen Kontingente für den Walfang fest. Der Fang lohnt sich allerdings nur noch in den antarktischen Gewässern.

1949 schätzte man die Zahl der noch verbliebenen Blauwale auf 40000 Exemplare. 1964/65 wurden noch 20 entdeckt, 1965/66 nur noch 4.

Neuere, wissenschaftlich besser abgesicherte Schätzungen geben bis zu 500 Tiere an. (Eine Schätzung von 1970 benennt noch 600 Blauwale.) Allerdings dürften auch Bestände in dieser Größenordnung nicht ausreichen, um eine überlebensfähige Population dauerhaft erhalten zu können. Nicht nur vermehrungsbiologische Gründe, wie lange Tragezeiten und Trageintervalle, mangelnde genetische Vielfalt und zu große Verstreutheit der Tiere in den Ozeanen, sprechen dagegen, sondern auch die ständig zunehmende Verschlechterung der Lebensbedingungen durch Meeresvergiftung und Vergiftung des Nahrungsangebots als Folge der wachsenden Meeresverschmutzung.

Gerade aber diese starke Gefährdung der Art erscheint manchem Fangunternehmen noch als Anreiz, die letzten vorhandenen Exemplare entgegen bestehender Schutzvorschriften zu jagen. - Es ist ja sowieso zu spät![27]

Landwirtschaftliche Intensivnutzung

Eine andere bedrohliche Entwicklung zur fortschreitenden Artenausrottung *en bloc* bei Pflanzen ist die heute u.a. auch in den Regionen des Alpenvorlandes praktizierte Grünlandwirtschaft. Seit Jahrhunderten wurde hier - bedingt durch die klimatischen und topographischen Besonderheiten - gemäßigt spezialisierte Milchwirtschaft betrieben, die ohne Schädigungen für die heimische Flora geblieben war. Erst die in unserer Zeit eingeführten strukturellen Veränderungen greifen schwerwiegend in die heimische Flora ein.

Noch vor wenigen Generationen wurden die meisten Wiesen

der Region allein schon aus arbeitstechnischen Gründen in der Regel nur zweimal jährlich gemäht. Danach wurde die Wiese in den Spätherbstwochen bis zum ersten Schneefall von einem der Fläche noch zuträglichen Viehbestand abgeweidet.

Der erste Schnitt erfolgte im Jahresablauf erheblich später als heute und wurde zu Heu verarbeitet. Den Wiesengräsern, -kräutern und -blumen blieb daher die für Bestäubung, Befruchtung und Samenentwicklung nötige Reifungszeit. Spätestens bei der Verarbeitung des Mähgutes zu Heu konnte der Samen noch auf der Wiese ausfliegen und sich erneut im Boden einwurzeln, so daß sich die Wiesenpflanzen immer wieder vermehrten. Auch der zeitliche Abstand zwischen den zwei und gelegentlich sogar drei Mähphasen und der herbstlichen Abweideperiode war noch ausreichend groß für eine hinlängliche Regenerierung des Pflanzenbestandes der Wiese.

Trotz bäuerlicher Bewirtschaftung blieb die große Artenvielfalt der Wiese weitestgehend erhalten. Dies vor allem auch deswegen, weil es im Umgriff der landwirtschaftlich genutzten Flächen noch genügend Brachflächen und Heckensäume gab, aus denen auf der Wiese schwindendes Genmaterial gefährdeter Arten immer wieder neu einfliegen konnte. So war es möglich, daß sich der Biotop Wiese regelmäßig in jedem Jahr aus sich selbst heraus ohne ökologische Veränderungen reproduzierte.

Die heute übliche Form der Intensivbewirtschaftung sieht in der Regel und je nach Lage und Bodenbeschaffenheit der Wiese eine fünf- bis sechsmalige Mähphase vor. Danach wird die Wiese im Herbst noch einmal abgeweidet.

Der erste Schnitt ist gegenüber früher im Jahresablauf erheblich vorverlegt und findet zu einer Zeit statt, zu der viele Pflanzen noch gar nicht zur Blüte gelangt sind. Ihnen ist wegen des frühzeitigen Abmähens die Vermehrung nicht mehr möglich. Auch ein Nachwachsen nach dem ersten Schnitt reicht bei vielen Wiesenarten nicht mehr für eine Entwicklung bis zum Samenausflug aus, weil der zweite Schnitt nach einer zu kurzen Zeitspanne folgt. Die Artenvielfalt der Wiese nimmt daher zwangsläufig sehr schnell ab.

Daneben trägt auch die Verwendung von verschiedensten Kunst- und Mineraldüngern, deren Unschädlichkeit *für den Menschen* immer wieder betont und hervorgehoben wird, sehr wesentlich zur Abname der Artenvielfalt bei. Die Dünger begünstigen nämlich das schnelle Wachstum bestimmter Arten, wodurch andere Arten wiederum in ihrer Entwicklung gebremst und damit letztlich verdrängt werden.

Die Intensivierung der Landwirtschaft hatte auch eine erhebliche Steigerung des Viehbesatzes zur Folge. Dadurch fallen wesentlich größere Güllemengen an, die auf den Feldern ausgebracht werden müssen. Auch sie verändern - in Kombination mit den anderen Faktoren - die natürliche Flora der Wiese beträchtlich.

Auf diese Weise hat die Vielfalt der Wiesengräser, -kräuter und -blumen und als Folge davon auch die Vielfalt der Insekten- und Vogelwelt gerade in den Regionen des Voralpenlandes sehr stark abgenommen, was dem von der Landschaft begeisterten Urlauber und selbst dem Bewohner der Region nicht umittelbar bewußt wird.

Die Artenabnahme schädigt einerseits die Wiese in ihrer Regenerationsfähigkeit und damit in ihrer ökologischen und landwirtschaftlichen Funktion in einem langsamen, sich später aber beschleunigenden Prozeß, der den Landwirt zu immer weitergehenden Erhaltungsmaßnahmen zwingt (Nachsaat von Gräsermischungen, die von den landwirtschaftlichen Genossenschaften gerne angeboten werden). Andererseits hat die Verarmung der Artenvielfalt der Wiese als Verarmung und Vereinseitigung des Nahrungsangebots für die Kuh auch verhängnisvolle Konsequenzen für die Gesundheit des Viehs, was im fünften Kapitel noch näher beschrieben werden soll.

Das wohl herausragendste Merkmal unserer fortschreitenden Überzivilisierung ist unsere wachsende Naturentfremdung. Diese hat bereits so stark von uns Besitz ergriffen, daß wir uns unserer existentiellen Abhängigkeit von der Natur gar nicht mehr bewußt sind. Vielleicht aber wächst gerade aus diesem Grund bei vielen Menschen das Bedürfnis, sich im privaten Leben verstärkt mit verschiedensten Rudimenten der Natur zu umgeben.

Das Geschäft mit Ziersträuchern und -pflanzen, Schnittblumen, Zimmergewächsen, Hydrokulturen und Kakteen aller Art hat sich in den vergangenen Jahren jedenfalls zu einem bedeutenden Industrie- und Wirtschaftszweig ausgewachsen. Hunde und Katzen mannigfaltiger Rassezüchtungen, Kaninchen, Meerschweinchen, Goldhamster, verschiedene Käfigvögel und viele andere Schmusegenossen haben in den Wohnzimmern hauptsächlich der Städter Einzug gehalten.

Nicht selten bedeutet für sie der menschliche Hunger nach ein bißchen Restverbindung zur Natur ein schlimmes Los. Viele werden vermenschlicht und buchstäblich totgeliebt, statt artgerecht gehalten. Häufig folgt der anfänglichen Begeisterung nach kurzer Zeit die völlige Vernachlässigung. Sobald man erst einmal erfährt, daß ein Tier Verantwortung, regelmäßige Hege und Pflege verlangt, wird es oft als lästiges Anhängsel empfunden, dessen man sich auf billige Weise entledigt, in zahlreichen Fällen durch Aussetzen auf Autobahnparkplätzen, Ablegen in Mülltonnen und nicht zuletzt durch Hinunterspülen durch die Wohnungstoilette. Andererseits darf man aber auch nicht übersehen, daß viele dieser Tiere als wahre Lieblinge der Menschen auch in ihrer tierischen Existenz das große Los ihres Lebens gezogen haben.

Die sozialen Leistungen unserer Haus- und Wohnungstiere als Tröster in der Einsamkeit und Anonymität unser Großstadtwüsten, als zuhörende und »verstehende« Ansprechpartner und seelische Wunderheiler, als geduldige Pfleglinge, an denen von Langeweile geplagte Menschen Aufgabe und Verantwortung finden, als Kontaktstifter unter Menschen usw. kann wohl kaum hoch genug eingeschätzt werden. Es wäre durchaus einer genaueren Untersuchung wert, inwieweit die häuslichen Schützlinge der Menschen dazu beitragen, sowohl die Kosten unserer Krankenkassen als auch die Kriminalitätsraten in unseren Städten nicht noch weiter in die Höhe schnellen zu lassen.

Leider gibt es daneben das Tier auch als modischen Gag und Konsumartikel. Längst reichen vielen Menschen die traditionellen Lebensbegleiter Hund und Katze nicht mehr aus. Von Kindheit an durch eine einfallslose Wettbewerbspädagogik auf Status- und Ranglistendenken getrimmt und vom immer langweiliger werdenden Leben im Überfluß angeheizt, toben sie ihre Tierliebe an ausgefallenen Exoten aus. Python, Schimpansenbaby, Tucuman-Amazonen, Goldsittiche, Krallen- und Totenkopfäffchen, Hyazinth-Aras und viele andere bisher völlig unbekannte Arten sind in bundesdeutschen Wohnzimmern keine Rarität mehr. Vereinzelt sind Exotenarten inzwischen hier häufiger anzutreffen als in ihren ursprünglichen Lebensräumen.

Gewissenlose Geschäftemacher, Tierhändler, Wilddiebe, Schmuggler, korrupte Zollbeamte sowie zweifelhafte Verwaltungspraktiker arbeiten oft Hand in Hand und verschachern skrupellos und illegal vom Aussterben bedrohte Tier- und Pflanzenarten im großen Stil. Sie betreiben damit eine folgenschwere Naturausplünderung, lassen dadurch natürliche Lebenskreise zusammenbrechen und greifen zerstörerisch in gewachsene soziale Ordnungen einheimischer Bevölkerungsgruppen ein.

Zur Befriedigung ehrgeiziger Meerwasseraquarienexperimente im trauten Heim werden ganze Korallenriffe – von der Natur in Jahrmillionen zu einzigartigen komplexen Ökosystemen zusammengefügt – im großen Stil zerstört. Längst geschützte exotische Vögel werden mit unvorstellbaren Verlustraten im Flugzeug über den halben Erdball transportiert.

»Das Gros der gejagten Tiere hat nicht das zweifelhafte Glück, lebend in deutschen Wohnzimmern in Gefangenschaft zu sitzen. Es wird getötet. Dem Elefant wird das Elfenbein zum Verhängnis, den Fleckkatzen das Fell, den Kaimanen die lederne Haut und den

Schildkröten der Panzer. Haut und Haar, Schmuck und Schutz der Tiere werden zu Produkten verarbeitet, die die Hitliste westlicher Statussymbole anführen: luxuriöse Mäntel, Wildkroko-Taschen, Schlangenlederschuhe und Schildpatt-Brillen. Die kapitalkräftige Bundesrepublik gehört zu den weltweit größten Märkten. Sie ist eine Hauptabnehmerin von tierischen Rohstoffen aus Südamerika.«[28]

Daneben gilt die Bundesrepublik als wichtigste internationale Drehscheibe im Schwarzhandel mit Wildtieren, Häuten und Fellen. Allein für den deutschen Markt sterben jährlich rund 5500 Elefanten. Unter den pelzimportierenden Ländern liegt die Bundesrepublik an erster Stelle: 60 Prozent der auf der Welt gehandelten Pelze landen auf westdeutschen Kürschnertischen.[29]

Dabei ist seit 1973 ein internationales Abkommen zum Schutz gefährdeter Tiere und Pflanzen in Kraft. Das Washingtoner Artenschutzübereinkommen (WA), inzwischen von 92 Staaten der Erde unterschrieben, legt in seinen Anhangslisten genau fest, welche Arten unter welchen speziellen Voraussetzungen noch gehandelt werden dürfen.

Im Anhang I zu diesem Abkommen sind alle von der Ausrottung akut bedrohten Arten aufgelistet. Der Handel mit ihnen ist praktisch, abgesehen von extremen Ausnahmefällen, ausgeschlossen. In der Reihe von 400 Tier- und 50 Pflanzenarten stehen u.a. auch der indische Elefant, die meisten Walarten, alle Meeresschildkröten, sehr viele Affenarten, der Ozelot, alle Großkatzenarten und der Mohrenkaiman. Im Falle des Handels mit solchen Arten, etwa beim Verkauf an Zoos usw., sind Export- und Importgenehmigungen erforderlich.

Anhang II listet die Arten auf, »die, obwohl sie nicht notwendigerweise schon heute von der Ausrottung bedroht sind, davon bedroht werden können, wenn der Handel nicht einer strengen Regelung unterworfen wird«. Geschützt sind zum Beispiel der Krokodilkaiman, viele Kleinfleckkatzen und der afrikanische Elefant.

Für den Handel der im Anhang II aufgeführten Arten genügt es, wenn das Herkunftsland eine Ausfuhrgenehmigung erteilt und damit bestätigt, daß das exportierte Tier zum Überschuß der Landesfauna gehört.

Insgesamt stellt das Gesetzeswerk des Washingtoner Abkommens immerhin 2000 Tier- und 30000 Pflanzenarten unter besonderen und teilweise strengen Schutz. Der Erfolg allerdings ist zweifelhaft. Zwar haben sich dank des Abkommens durchaus die Bestände einzelner Arten (Jaguar und Leopard) wieder erholt, insgesamt wird die Natur jedoch weiter ausgeplündert.

»Die Gewinnspannen im illegalen Geschäft mit aussterbenden Lebewesen übersteigen oft die Profitraten, die im Rauschgifthandel zu erzielen sind. Bewaffnete Wilderer, ausgerüstet mit Hubschraubern und Funkgeräten, und internationale Schmuggler-Syndikate verschieben Leopardenfelle und Greifvögel in Containern mit doppeltem Boden, deklarieren Wildpapageien als (ungeschützte) Zuchtpapageien oder bugsieren die Rückenpanzer seltener Meeresschildkröten in Kisten mit der Aufschrift ›Vorsicht, Schlangen‹ durch den Zoll.«[30]

Am Beispiel der Langschwanzkatzen, von Ozelot, Ozelot- und Geoffroykatzen zeigt sich ein anderes Phänomen des Tierhandels: seine Flexibilität. Sobald eine Spezies ausgerottet ist, kommt die nächste dran. Die Kleinfleckkatzen ersetzten den Ozelot, das Leistenkrokodil den Mohrenkaiman. Eine Ausrottungsspirale, deren Ende meist nicht abzusehen ist.

Die Dimensionen des Tierkonsums lassen sich dunkel erahnen, wenn man sich vergegenwärtigt, in welchen Mengen bedrohte Arten allein auf legalem Wege gehandelt werden. »Laut jüngster WA-Statistik wurden 1983 dem Zoll zur Einfuhr präsentiert:

- 47076 lebende Vögel und 50459 Reptilien, zum Beispiel allein 1415 Königspythons;
- 221276 Felle, darunter allein 95868 vom argentinischen Graufuchs. Neuer Favorit der Kürschner bei den gefleckten Katzen ist der Rotluchs, allein 40415 Felle wurden importiert;
- 32696 Kilogramm Elefantenstoßzähne (das entspricht mindestens 2700 Tieren), ferner 580388 einzelne Elfenbeinschnitzereien;

- 158206 ganze Reptilhäute und 100606,85 laufende Meter.«[31]

Aus bloßer Renommiersucht und Prahlerei oder falscher »Freude an der Natur«, zur Befriedigung nackter Eitelkeit und neureicher Großmannssucht und zur Kurzweil nur einzelner weniger Menschen in den Industrienationen - insbesondere auch in der Bundesrepublik Deutschland - werden über nationales und internationales Recht hinweg seltene exotische Arten - einzigartige Errungenschaften der Evolution - systematisch und mit weitreichenden Folgen für den gesamten Planeten ausgerottet, für alle Zeiten verdrängt, allen weiteren menschlichen Generationen rücksichtslos abgenommen.

Ist uns aber wirklich bewußt, was wir damit tun? Verhalten wir uns nicht gerade bei dieser Form der Artenvernichtung so, als würden wir ein Gemälde von Rembrandt verbrennen, um uns für wenige Minuten wärmen zu können?

Dieser in der Literatur oft gebrauchte Vergleich hinkt allerdings noch, und zwar in zweifacher Hinsicht. Einerseits frieren wir nicht, sondern wir zerstören, ohne daß wir uns in einer derartigen Notsituation befänden, und andererseits ist auch ein Rembrandt, so bedeutend er als Kulturleistung sicherlich ist, für die Fortexistenz der Menschheit ohne Belang - ganz im Gegensatz zu den Arten. - Es ist eine Lust zu töten!

Ursache: Lebensraumzerstörung und Umweltvergiftung

Die weitaus schlimmste Bedrohung unserer Arten liegt heute nicht mehr in den direkten Zugriffen des Menschen nach Pflanzen und Tieren durch Sammeln, Jagen, Fischen und Ernten. Die Hauptbedrohung bildet vielmehr der in den reichen Industrienationen gepflegte *modern way of life.* Unser konsumorientierter Lebensstil mit seinen breit gefächerten Bedürfnissen und Ansprüchen bewirkt nämlich - ohne daß wir uns dessen bewußt sind und häufig auch bewußt sein wollen - weltweit jene unzähligen Aktivitäten, die schließlich den Pflanzen und Tieren ihre Lebensräume entziehen.

In nahezu allen Landstrichen und Regionen der Erde, auf den Meeren ebenso wie im ewigen Eis der Pole, betreiben Politiker, Planer, Wirtschaftsmanager, Forscher, Ingenieure und Technokraten den »totalen Umbau« des Planeten und greifen dabei störend in die Lebenszyklen und -gefüge der Arten ein.

In vielfältigen großtechnischen Projekten und im Zuge gigantischer baulicher Maßnahmen werden Wälder gerodet, Landschaften verkehrstechnisch erschlossen, Kanäle gezogen, Flüsse reguliert, umgeleitet, aufgestaut und schiffbar gemacht. Riesige Sumpfgebiete werden drainiert, Berge entwaldet und sogar abgetragen, Wüsten bewässert, Seen in weitmaschige Kanalsysteme integriert, Inseln mit Brücken- oder Tunnelbauten verbunden, bisher unbewohnte Inselgruppen mit Hotels überzogen, besiedelt und vom Tourismus verbraucht.

Neben den großtechnischen Veränderungen, die gelegentlich ganze Kontinente verwandeln, verändern wir auch die Binnenstrukturen unserer kleinräumigeren Landschaften gravierend. Straßen durchschneiden Wälder, Täler oder wertvolle Biotope. Großflächige Asphaltierungen, Flußregulierungen und überdimensionierte Wasserspeicher bewirken Grundwasserabsenkungen oder -anhebungen und verändern die Flora ganzer Landschaften. Der ständig wachsende Flächenbedarf für Besiedelung und immer ausgedehntere Industrieanlagen zerstört ökologisch bedeutsame, naturnahe Kulturlandschaften. Immer größere Flächen auf und an Gewässern, an Gebirgshängen und in Waldzonen werden für Sport und Freizeit benötigt. Ganze Gebirgszüge werden den hemmungslosen Ansprüchen der Wintersportler geopfert. Damit aber entziehen wir den Arten schlichtweg den Boden ihrer Existenz und vernichten ihre natürlichen Lebensräume, in die sie sich in Jahrmillionen dauernden Evolutionsprozessen optimal eingepaßt haben.

Allein die Umgestaltung der landwirtschaftlichen Nutzflächen in maschinengerechte, flurbereinigt großflächige Parzellen führte zur fast vollständigen Ausräumung der meisten unserer Landschaften. Hecken, Feldgehölze, Brachlandinseln, Solitärbäume, wilde Feldrandzonen usw. sind nahezu restlos verschwunden. Dem Ziel der Ertragssteigerung wurde jeder Quadratmeter »ungenutztes« Freiland geopfert, und zur besseren Bearbeitung der Felder mit Maschinen wurde die Landschaft häufig nicht nur ausgeräumt, auch Bodenunebenheiten, natürliche Gräben und Feuchtzonen wurden verfüllt.

Unzählige Wildpflanzen- und Insektenarten, viele Vogelarten und Kleinsäuger verloren dadurch ihre Lebensräume. Da diese Arten aber Nahrungsgrundlage vieler anderer sind und gleichzeitig zu zahlreichen Arten in symbiotischen Vergesellschaftungen und Abhängigkeiten stehen, ist nur schwer auslotbar, welche Auswirkungen ihr Verschwinden auf das Gesamtspektrum der Arten und damit auf die Stabilität ihres jeweiligen Biotops haben wird.

»Wo das ursprüngliche Nebeneinander von Bäumen, Bachschleifen, Wiesen, Wäldern und Böschungen abgelöst worden ist durch eintönige Monokulturen, da ist kein Platz mehr für die ursprüngliche Vielfalt von Flora und Fauna.

Eine naturnahe, der Flurbereinigung noch nicht zum Opfer gefallene Landschaft, ein kleinteiliges Mosaik verschiedener Nutzungen, bietet, wie Biologe Vester aufzählt, in der Regel Lebensraum für eine reichhaltige Tierwelt, unter anderem: ›Reh, Dachs, Fuchs, Fischotter, Feldhase, Steinmarder, Iltis, Hermelin, Hamster, Maulwurf, Feldmaus, Weißstorch, Mäusebussard, Waldohreule, Ringeltaube, Rebhuhn, Wachtel, Teichfrosch, Erdkröte, Ringelnatter, Zauneidechse, Mühlkoppe, Bachforelle, Prachtlibelle, Gelbrandkäfer, Goldlaufkäfer, Maikäfer, Trauermantel, Ackerhummel, Flußkrebs.‹ Ist eine solche Landschaft erst einmal von Flurbereinigungsexperten auf- und ausgeräumt worden, schnellt zwar häufig die Gesamtzahl der Tierindividuen (vor allem der sog. Schädlinge) in die Höhe, die Zahl der Tierarten aber sinkt. Gewöhnlich bleiben nur Reh und Rebhuhn, Hase, Fuchs, Mäuse und Bussard - vorerst.«[32]

Was den Naturumbau letztendlich überlebt, wird nicht selten

ein Opfer der Chemie. Mehr als 3000 (andere Quellen sprechen von 60000) zum Teil noch gar nicht exakt identifizierter Chemikalien gelangen täglich und stündlich in allen Industrienationen und zunehmend auch in den Ländern der Dritten Welt in unvorstellbaren Mengen in die Luft, das Wasser und den Boden. Durch die globalen ökologischen Kreislaufsysteme erfahren sie eine weltweite Verbreitung in der Biosphäre und schädigen Arten an den entlegensten Plätzen des Planeten.

Die Zirkulationssysteme der Luft und die Meeresströmungen gehören zu den wichtigsten Transportschienen für Schadstoffe. Durch sie gelangen Umweltgifte in die entferntesten Gebiete, so daß es heute keinen einzigen Flecken auf der Erde mehr gibt, der von der Umweltverschmutzung nicht betroffen wäre. Selbst in den Fettgeweben der Pinguine der Antarktis finden sich Spuren des Schädlingsbekämpfungsmittels DDT und von Blei – Tausende von Kilometern von den Schadstoffquellen entfernt.

Umweltvergiftung und Zerstörung der Lebensräume sind heute und mehr noch in der nächsten Zukunft die Hauptbedrohung der Arten. Die durch sie angerichtete Zerstörung ursprünglicher Natur geschieht vor allem, um die steigende Nachfrage der Menschen nach den verschiedensten Wohlstandsprodukten zu befriedigen. Dabei sind sich die Menschen in den allermeisten Fällen der weitreichenden Konsequenzen ihres auf Konsum gerichteten Lebensstils gar nicht bewußt. Sie treiben gedanken- und ahnungslos in eine Katastrophe, deren volles Ausmaß bereits die unmittelbar nachfolgenden Generationen zu spüren bekommen werden.

Nicht selten aber nehmen die Menschen das Recht, die Natur und ihre Schätze ohne Selbstbeschränkungen nutzen zu dürfen, sogar aus religiös motivierten Überlegungen und ganz selbstverständlich für sich in Anspruch. Sie betrachten sich – den Menschen – als den Mittelpunkt der Erde und die Krönung der Schöpfung und verurteilen engagierte Natur- und Umweltschützer als gotteslästerliche und moralentfremdete Phantasten, weil sie die Kreatur und deren Lebensbedürfnisse über den Menschen stellen.

Der artenvernichtende Effekt unseres konsumorientierten Lebensstils bleibt nur höchst selten auf den Heimatbereich der wohlhabenden Nationen beschränkt. Vier Fünftel aller Rohstoffe, die auf dem internationalen Markt gehandelt werden, gehen auf Rechnung der reichen Staaten in den gemäßigten Zonen, in denen nur ein Fünftel der Weltbevölkerung lebt. Viele dieser Rohstoffe stammen aus den Tropen, in denen ungefähr drei Viertel aller Arten zu Hause sind. Das Herausziehen dieser Rohstoffe bringt Störungen der natürlichen Umwelt mit sich. Auf diese Weise sind die wohlhabenden Mitglieder der weltweiten Völkergemeinschaft dafür verantwortlich - ohne es zu wissen, sicher, aber nichtsdestoweniger nachhaltig -, daß der Lebensraum von Myriaden von Arten in von ihnen weit entfernten Regionen vernichtet wird.

Schauplatz tropischer Regenwald

Nach der Studie *Global 2000* wird der bis zum Jahre 2000 prognostizierte Artenrückgang zur Hälfte oder gar zu zwei Dritteln auf die Ausräumung oder Zerstörung der tropischen Wälder zurückgehen. »Bei den Insekten, anderen Wirbellosen und den Pflanzen - von denen viele Arten bis heute nicht klassifiziert und analysiert sind - werden die größten Verluste zu verzeichnen sein. Der potentielle Wert dieses genetischen Reservoirs ist immens. Wenn man sie bewahrt und bei sorgfältigem Umgang könnten die Arten des tropischen Waldes eine dauerhafte Quelle neuer Nahrungsmittel (besonders Nüsse und Früchte), pharmazeutischer Chemikalien, natürlicher Schädlingsvertilger, von Baustoffen, Spezialhölzern, Brennstoffen usw. bilden.«[33]

Von den 20 Prozent der Landfläche der Erde mit tropischem Feuchtklima ist etwa die Hälfte mit Regenwäldern bedeckt. Davon entfallen 5,5 Millionen Quadratkilometer auf Lateinamerika, 2,2 Millionen Quadratkilometer auf Asien, hauptsächlich Südost-Asien und 1,25 Millionen Quadratkilometer auf Afrika.[34]

In den vergangenen Jahren wurden diese Wälder in allen genannten Regionen hauptsächlich auf Betreiben der Industrienationen - mit deren Finanzen und deren Know-how - beständig gerodet. Einerseits will man aus den Rodungsflächen landwirtschaftliche Nutzflächen gewinnen, und zwar in sehr vielen Fällen für Produkte, die in die Industrienationen ausgeführt werden. Die Umwandlung von Regenwaldflächen in landwirtschaftliche Nutzungsflächen gelingt wegen der starken Erosionseinflüsse in aller Regel allerdings nur für eine begrenzte Zeit, meist nur für einige Jahre. Danach bleiben Wüsten zurück. Zum andern werden die Wälder wegen ihrer hochwertigen Nutzhölzer zerstört. Die Entwicklungen von modernen Maschinen, die Axt und Säge abgelöst haben, beschleunigen den Rodungsvorgang erheblich.

Lateinamerika hat bisher rund 37%, Südostasien 38% und Afrika 52% der ursprünglichen Waldbestände verloren. Gegenwärtig verlieren wir 245000 Quadratkilometer Regenwald pro Jahr, das sind beinahe 50 Hektar in jeder Minute. Rechnet man die Zahlen hoch, so ergibt sich daraus, daß bei einer Beibehaltung der gegenwärtigen Rodungsquoten - und es gibt keinerlei Anzeichen dafür, daß die Rodungsmaßnahmen eingeschränkt würden - in den nächsten 40 Jahren der gesamte tropische Regenwald gerodet sein wird.

Die regional sehr unterschiedlich ausgeformten tropischen Wälder konnten sich in einer 60 Millionen Jahre währenden Stetigkeit entwickeln. Im Gegensatz zu den Wäldern der gemäßigten Zonen fehlt hier der vom Rhythmus der Jahreszeiten ausgelöste ständige Wechsel von Überfluß und Hunger, weshalb diese Wälder sensibler auf Umweltveränderungen reagieren und weniger anpassungsfähig sind als die Wälder der gemäßigten Zonen. Scheinbar unerhebliche Durchforstungen können ganze Ketten von Degenerierungsprozessen auslösen und die lokale Fauna und Flora vollständig verändern.

Obwohl die tropischen Regenwälder nur etwa ein Drittel aller Waldflächen der Erde ausmachen, enthalten sie vier Fünftel der gesamten Landvegetation. Ihre kurzsichtige Vernichtung bewirkt langfristig - über das Jahr 2000 hinausgerechnet - die Eliminierung von Millionen von Arten und damit einen folgenschweren Verlust für die Menschheit vor allem zukünftiger Generationen. Schon heute gewinnen die Ureinwohner eine Vielzahl von Früchten und Grundnahrungsmitteln aus den Wäldern, darunter Reis, Hirse, Erbsen, Cassava, Mungo, Taro, Bananen, Zuckerrohrarten, Ananas usw. Eine gewaltige Menge von weiteren Früchten wartet noch darauf, untersucht zu werden. Allein in Indonesien könnten - nach Schätzungen der Experten - rund 4000 Pflanzenarten für die eingeborene Bevölkerung auf verschiedene Weise zur Ernährung genutzt werden. Wenigstens 1650 Blattarten enthalten hochwertige Nährstoffe. In Neu Guinea tragen 251 Baumarten eßbare Früchte, von denen bisher nur 41 kultiviert wurden.

Die Regenwälder bieten aber nicht nur Nahrungsressourcen. Sie enthalten außerdem wichtige Schlüssel zur erfolgreichen Bekämpfung zahlreicher Pflanzenkrankheiten bei unseren Nutzpflanzen. Trotz der jährlichen Aufwendung mehrerer Milliarden Dollar gehen gegenwärtig noch immer rund 40% unserer Ernten durch Schädlinge verloren. Ein vernünftiger, zukunftsweisender Weg zur Schädlingskontrolle könnte der Einsatz von natürlichen Chemikalien solcher Pflanzen sein, die in der Abwehr von Schadinsekten selbst entsprechende naturverträgliche Gifte entwickelt haben.

Neben seinen vielfältigen biologischen Quellen für die Landwirtschaft ist der tropische Regenwald das wichtigste Depot für Pflanzen zur Herstellung von Medikamenten aller Art. Der höchste Prozentsatz von Alkaloiden in Pflanzen findet sich im Tiefland der Regenwälder. »Mindestens 70% der insgesamt 3000 Pflanzenarten, von denen man weiß, daß sie krebsbekämpfende Eigenschaften haben, wachsen in den Tropen, ein ähnlich hoher Anteil in den tropischen Regenwäldern. Der gewaltige Vorrat an tropischen Waldpflanzen, die überhaupt noch erforscht werden müssen, könnte gut einen ebenso hohen Anteil an Anti-Krebs-Substanzen aufweisen.«[35] Jüngste Forschungsergebnisse haben erbracht, daß viele Insekten, vor allem Schmetterlinge, ein bedeutendes Potential für Medikamente zur Krebsbekämpfung enthalten. Bis zu 3,5 Millionen Insektenarten dürften in den Regenwäldern leben. Das *U.S. National Cancer Institute* hat verlauten lassen, daß die weltweite Rodung der Regenwälder einen ernsten Rückschritt in der Krebsbekämpfung darstellt.

»Um zu begreifen, welchen Beitrag eine einzige Art in der Medizin leisten kann, sei hier ein Blick auf ein Rauvolfia-Gewächs der wechselfeuchten Wälder zwischen Indien und Südostasien geworfen, die *Rauvolfia serpentina.* Diese Pflanze nutzt man schon seit 4000 Jahren für die Behandlung von Schlangenbissen, Nervenleiden, Ruhr, Cholera und Fieber. In den späten vierziger Jahren fand man heraus, daß diese Pflanze auch bei zu niedrigem Blutdruck hilft, und 1953 setzte man sie sowohl gegen zu hohen Blutdruck als auch bei Schizophrenie erfolgreich ein. Wenig später wurde der aus ihr gewonnene Extrakt (Reserpin) zum Hauptbestandteil jener Arzneimittel, aus denen Beruhigungsmittel hergestellt werden. Früher machte zu hoher Blutdruck die Menschen anfällig für Schlaganfälle, Herz- und Nierenversagen – heute verhilft diese Pflanze Millionen von Menschen zu einem verhältnismäßig normalen und gesunden Leben. Schließlich nimmt gerade zu hoher Blutdruck als Todesursache in den fortgeschrittenen Gesellschaften am schnellsten zu.«[36]

Von wachsender Bedeutung sind auch andere Pflanzenextrakte. Die Rhizome der mexikanischen Jamswurzel liefern praktisch den gesamten Bedarf an Diosgenin, aus dem auch der Wirkstoff der Anti-Baby-Pille gewonnen wird. Neben seiner Bedeutung für die Geburtenkontrolle dient Diosgenin auch zur Herstellung von Kortison und Hydrokortison. Der Bedarf stieg in der Zeit von 1970 bis 1985 von 180 bis auf 500 Tonnen. Er wird sich bis zum Jahr 1995 auf 3000 Tonnen steigern. Bisher ist es nicht gelungen, die Pflanze kultiviert anzubauen. Sie gedeiht nur im Ökosystem der tropischen Regenwälder Mexikos.

Viele andere tropische Pflanzen, so nimmt man an, könnten der Menschheit ebenfalls ungeahnte nützliche Dienste erweisen, sofern es gelingt, ihre Nützlichkeit vor ihrer Zerstörung zu erforschen.

Mit der Rodung und dem Abbrennen der Regenwälder werden nicht nur Tausende von Arten ausgerottet, es wird auch eine andere wichtige Hilfsquelle zerstört und ins soziale Chaos entlassen, nämlich die große Zahl der waldbewohnenden Stämme, die ihr zum Teil noch steinzeitliches Leben beibehalten haben. Abgesehen davon, daß es diesen Völkern aus unserer humanitären Sicht gestattet bleiben muß, ihr eigenes Leben weiterhin leben zu dürfen, muß man auch sehen, daß gerade diese Völker über einen Erfahrungswert des Umgangs mit der Natur und vor allem dieser speziellen Form der Natur verfügen, der von uns in seiner Bedeutung für die gesamte Menschheit kaum abgeschätzt werden kann.

Die Amazonasbewohner kennen rund 750 Pflanzenarten, die von medizinischer Bedeutung sind. So waren es zum Beispiel auch die Amazonasstämme, die Curare als Muskelrelaxans auf den Spitzen ihrer Pfeile als Jagdgift verwendeten. Von ihnen haben die Chirurgen der westlichen Welt diese Substanz als Medikament für Operationen kennengelernt.

Ein einziges Dorf von Waldbewohnern in Nordthailand verwendete 119 Pflanzen als Medikamente und 295 als Nahrungsmittel. Viele Stämme kennen pflanzliche Produkte als Verhütungs- oder Abtreibungsmittel. Die Weltgesundheitsorganisation ist gegenwärtig auf der Suche nach sicheren und effektiveren Grundstoffen, aus denen eine verbesserte Pille hergestellt werden kann. Sie geht davon aus, daß neue Ausgangssubstanzen über die Stämme der Regenwaldbewohner gefunden werden können. Schließlich verwenden die Eingeborenen rund 3000 Pflanzenarten zur Empfängnisverhütung.[37]

Nicht übersehen werden darf auch, daß viele Anzeichen dafür sprechen, daß in den Pflanzenmaterialien der tropischen Regenwälder der Schlüssel zur Heilung der meisten unserer Zivilisationskrankheiten liegt. Für den kurzzeitigen Profit einiger weniger Multis auf der Erde schneiden wir uns und die ganze zukünftige Menschheit mit der Zerstörung der tropischen Regenwälder von wirklichen Fortschritten ab und schaffen uns gleichzeitig nicht absehbare neue Probleme und Katastrophen.

Fünftes Kapitel

Von unserer Selbstvertreibung aus dem Paradies – die Folgen des Artensterbens

Erst wenn der letzte Baum gerodet,
der letzte Fluß vergiftet,
der letzte Fisch gefangen,
werdet ihr feststellen,
daß man Geld nicht essen kann!

Weissagung der Cree

Der »Mann auf der Straße« - in unserem Schulsystem biologisch ohnehin nicht sonderlich vorgebildet - wird im Verlust der Arten keine Bedrohung für sich selbst, seine Ernährung, seine Gesundheit oder den Fortbestand unserer Zivilisation sehen. Gewiß wird er das Dahinschwinden vieler Tiere und Pflanzen bedauern, aber eher aus einem romantischen Naturverständnis heraus oder aus einem Gefühl der Wehmut darüber, daß auf dieser Erde wieder etwas Liebenswertes vergeht. Mit anderen Worten: Es wird ihn traurig stimmen, wenn es viele unserer Singvögel- oder Großkatzenarten, Bären, Krokodile, Elefanten, Nashörner, Wale, Sattelrobben oder Ahorn, Zypresse, Enzian, Edelweiß und so manche liebgewonnene Feld- und Wiesenblume nicht mehr gibt, er wird darin aber keine gravierende Veränderung seiner Lebenswelt sehen. Vielleicht - so das Ergebnis seiner abwägenden Überlegungen - ist auf einer Welt, die dem Menschen und seinen Zivilisationsbedürfnissen zu dienen hat, einfach kein Platz mehr für diese Arten, so schwer und bedauerlich ein solcher Preis für den Fortschritt der Menschheit auch erscheinen mag.

Immerhin können wir auch ohne Leoparden, Riesenschildkröten, Eidechsen oder eine so große Vielfalt von Vogelarten gut, ja sogar sehr gut, leben. Bisher jedenfalls hat der Mensch den Verlust jeder verschwundenen Art ohne Probleme verkraftet - bisher! –.

Darüber hinaus darf nicht vergessen werden, daß es viele Arten gibt, deren Verschwinden wir beim besten Willen nicht bedauern können. Man denke nur an die große Zahl von Unkräutern, Parasiten und Schädlingen, die der Mensch schon seit der Frühzeit seines Bestehens als Feinde empfindet und bekämpft. Wahrscheinlich würde er viele von ihnen ohne Zögern ausrotten, wenn er es nur könnte. Die Wanderratte wäre ein solcher Kandidat; denn sie schädigt unsere Ernten ganz erheblich, schmarotzt bei verschiedenen Haustieren, überträgt Krankheiten, bedroht sogar Kleinkinder, richtet Gebäude- und Feldbauschäden an und belästigt uns überdies in unseren ästhetischen Empfindungen.

All diesen Überlegungen ist jedoch entgegenzuhalten, daß das stille und spurlose Vergehen der Arten, gleichgültig ob wir sie für nützlich, lästig oder überflüssig halten, für uns Menschen weit mehr bedeutet als lediglich eine Verarmung der auf Vielfalt der Arten angelegten Schöpfung.

Natürlich geht es vielen Naturschützern auch und zum Teil sogar ausschließlich darum, mit dem Artenreichtum die unvergleichliche Schönheit der Erde um ihrer selbst willen für die Nachwelt zu bewahren. Und in der Tat verdient die Natur auch als die ästhetischste aller denkbaren Umwelten für den Menschen gerade unter ethischen, religiösen, pädagogischen und sozialpsychologischen Betrachtungsweisen unsere ganz außerordentliche Beachtung. Die Frage nämlich, ob der Mensch in einer verwüsteten und naturentfremdeten Welt überhaupt mit einer unbeschädigten Seele und in sozialem Frieden leben kann, ist durchaus noch offen. Jedenfalls - so scheint es, wenn man den Forschungsergebnissen verschiedener Sozialpsychologen und Soziologen glauben darf - sind viele Phänomene von psychischer Verwahrlosung und krimineller Aggressivität nicht nur bei Jugendlichen u. a. auf das Leben in einer Welt von Asphalt, Stahl, Beton und Glas, in der eine emotionale Bindung an eine »natürliche« Heimat sehr erschwert ist, zurückzuführen. Auch die Hinwendung vieler alter und vereinsamter Menschen, die mit ihrer menschlichen Mitwelt scheinbar abgeschlossen haben, zu Pflanzen oder Tieren als Lebensgefährten kann viele wichtige Hinweise geben auf die Bedeutung unserer Mitgeschöpfe für unsere seelische und geistige Innenwelt.

Trotzdem, diejenigen wissenschaftlichen Erkenntnisse, die sich mit der Bedeutung der Natur für unsere seelische Gesundheit und mit den ästhetischen Einflüssen der Arten auf unsere kreative, harmonische Innenweltentwicklung auseinandersetzen, werden wohl kaum nennenswerte Argumente für einen verstärkten Schutz der Arten bereitstellen. Der entscheidende Motor der Artenauslöschung sind finanzstark durchgesetzte Wirtschaftsinteressen, und ihnen gegenüber hat nur der Gesichtspunkt berechenbarer existentieller Nützlichkeit Bestand.

Deshalb muß es vorrangig darum gehen aufzuzeigen, daß die Erhaltung der Arten nicht einfach nur eine Sache für idealistische Naturschwärmer und romantische Naturästheten ist, sondern ein Gebot der Zweckmäßigkeit und von daher eine herausragende Aufgabe für *uns alle*.

Im Artensterben liegen reale Bedrohungen für die Menschheit insgesamt, und ihnen gilt es zu begegnen. Wir alle werden dem Schutz der Arten unsere allergrößten Bemühungen und unsere ganze Aufmerksamkeit zuwenden müssen, wenn wir als zivilisierte Menschheit überhaupt überleben wollen. Die Aussichten dafür sind auch bei den denkbar umfassendsten Anstrengungen erschreckend gering und das bloße »Prinzip Hoffnung«, mit dem wir allzu häufig unsere Untätigkeit vor uns selbst rechtfertigen, entpuppt sich angesichts der selbstgeschaffenen Gefahrenpotentiale sehr schnell als unverantwortlicher, folgenschwerer Leichtsinn und unentschuldbarer Fatalismus.

Je früher immer größere Teile der Menschheit zu dieser Erkenntnis kommen, desto besser wird es um ihre Zukunft gestellt sein, wobei nicht verschwiegen werden darf – sondern ausdrücklich wiederholt werden muß –, daß diese Zukunft so oder so düster ausfallen wird.

Unsere Erde trägt schätzungsweise 80000 Pflanzenarten, von denen sich der Mensch ernähren könnte. Nur etwa 3000 davon wurden zu verschiedensten Zeiten und in ganz verschiedenen Kulturen und Zivilisationen als Nahrungsmittel verwendet, aber nur 150 Arten sind in nennenswertem Umfang durch Züchtung kultiviert worden.

Weniger als 20 Pflanzenarten liefern heute 90 Prozent der Weltnahrung: Weizen, Reis, Mais, Sorghumhirse, Gerste, Hafer, verschiedene Gemüsesorten, Erbsen, Sojabohnen, Erdnüsse, Hackfrüchte, Zuckerrohr, Zuckerrüben, Bananen, Kokosnüsse und eine Reihe von Ost- und Südfruchtsorten sind die wichtigsten davon. Auf über der Hälfte der Ackerfläche der Erde werden heute ausschließlich Reis, Weizen und Mais in gigantischen Monokulturen angebaut.[1]

Im Vergleich zu den Pflanzen haben die Menschen viel weniger Nutztierarten domestiziert - allenfalls ein paar Dutzend. Fast das gesamte vom Menschen verzehrte tierische Eiweiß stammt von nur neun Arten: Rind, Schwein, Schaf, Ziege, Wasserbüffel, Huhn, Ente, Gans und Truthahn. Einige andere Tierarten wie Kaninchen, Tauben oder Süßwasserfische liefern einen ständig abnehmenden Prozentanteil und werden für die Großversorgung der Menschheit immer unbedeutender.

Kühe liefern 90% der Milch und Milchprodukte; Ziegen, Schafe, Rentiere und Kamele steuern den Rest bei. Daneben leisten noch viele wildlebende Tierarten, hauptsächlich Seefische, beachtliche Beiträge zur Ernährung der Menschheit.[2]

Insgesamt gesehen lebt der zivilisierte Mensch heute bis zu 80 Prozent von weniger als 30 Tier- und Pflanzenarten. Die restlichen 20 Prozent steuert eine sehr breite Artenpalette bei (Kultur- und Wildpflanzen, Jagdwild, Fische und Meeresfrüchte usw.), die er zum großen Teil nur als Ergänzung seines Speisezettels, als Gewürze, Getränke (Kaffee, Tee, Kakao usw.) oder spezielle Gaumenfreuden zu sich nimmt.

Hinzu kommt die große Vielfalt von Blättern, Kräutern, pflanzlichen und tierischen Sekreten usw., aus denen wir Medikamente und Pharmaka gewinnen. Und trotzdem machen die Arten, von denen die Menschheit heute unmittelbar lebt, im Verhältnis zur unvorstellbaren Artenfülle der Erde einen nur sehr geringen Teil aus, was viele Menschen zu der gänzlich irrigen Schlußfolgerung verleitet, daß eben deshalb in dem gegenwärtigen weltweiten Artenrückgang keinerlei Gefahren für den Menschen liegen könnten.

Die Tatsache, daß wir zu unserem eigenen Überleben nur ganz wenige Arten wirklich brauchen, verwenden selbst Experten aus den verschiedensten Bereichen von Medizin, Ernährungs- und Bevölkerungspolitik usw. als gewichtiges, wenn auch sehr vorschnelles Argument zur Rechtfertigung der Artenverdrängung zugunsten anderer Expansionen: Schließlich - so ihre schlüssige Argumentation - brauche der Mensch im Kampf gegen den Hunger vermehrte Anbauflächen für die Ernährung der Bevölkerung, und dies sei - durchaus bedauerlicherweise - nur um den Preis der Verdrängung der »nicht verwertungsfähigen und damit verzichtbaren« Arten und der Zerstörung ganzer bisher naturbelassener Ökosysteme möglich.

Der verantwortungsbewußte Politiker *muß* angesichts des erschreckenden Hungerelends in der Welt allein schon aus humanitären Gründen einer landwirtschaftlichen Nutzung der nur begrenzt verfügbaren Flächen gegenüber den Notwendigkeiten des Naturschutzes den Vorrang einräumen. Wie sonst sollte es je gelingen, die ständig wachsende Menschheit wenigstens leidlich von der Geißel des Hungers zu befreien?

Naturzerstörung zugunsten einiger Dutzend Nutzarten also ist, so bedauerlich es manchem Zeitgenossen erscheinen mag, im Hinblick auf den Welthunger das Gebot der Stunde zur Rettung der Menschheit - logisch, aber keineswegs unumstritten und in vieler Hinsicht sogar falsch!

Eine der wichtigsten Nutzarten der Industrienationen ist die Kuh. Von ihr gewinnen wir nicht nur Milch und eine immer größer werdende Palette von Milchprodukten, sondern auch Fleisch, Leder, Horn und eine ganze Reihe vielfältiger wichtiger Nebenprodukte.

Obwohl wir die Kuh vereinfachend als Grasfresser einstufen, ist sie, ebenso wie der Mensch, zu ihrer dauerhaften Gesunderhaltung auf eine äußerst abwechslungsreiche Nahrung angewiesen. Sie ernährt sich von verschiedenen Gräser- und Wiesenblumenarten, Wildpflanzen, Kräutern, Flechtengewächsen, Moosen usw., die alle zusammen auf einer noch naturnahen Wiese wachsen. Eine genaue Zahl allein der Pflanzenarten, die die unmittelbare Nahrungsbasis der Kuh bilden, läßt sich allenfalls vage angeben.

Eine Verengung dieser breitgefächerten Nahrungsbasis der Wiese, etwa durch Intensivbewirtschaftung, Chemieeinsatz oder Überdüngung der Weideflächen, führt unweigerlich zu Mangelerscheinungen und gesundheitlichen Beeinträchtigungen des Viehs. Zunehmende Krankheitsanfälligkeit, degenerative Veränderungen der Tiere, verkürzte Lebensdauer und genetische Erschöpfung sind nur einige besonders herausragende Anzeichen davon. Sie stellen die Milchviehhaltung zwar nicht in Frage, bedingen aber einen vermehrten Einsatz von ausgleichenden und stabilisierenden Medikamenten.[3]

Ein dauerhafter, sich genetisch nicht erschöpfender, gesunder Fortbestand der Nutzart »Kuh« wird wesentlich von der Erhaltung des Biotops Wiese abhängen. Darüber sollten wir uns durch vielfältige Konzepte anderer Formen kurzzeitig erfolgreicher Viehhaltung nicht hinwegtäuschen lassen.

Die einfache grüne Wiese aber ist bei genauem Hinsehen ein höchst komplexes biologisches System. In ihm wirken Millionen von Arten (Würmer, Käfer, Bestäubungsinsekten, Singvögel, Kleinsäuger, Greifvögel, Pilze, Flechten und unzählige Mikroorganismen) in der Auseinandersetzung mit anderen Umweltfaktoren wie Boden, Mineralien, Regen, Wind, Sonneneinstrahlung, Temperatureinwirkungen usw. nach festen Gesetzmäßigkeiten zusammen. Diese sind bisher durchaus noch nicht restlos durchschaut, so daß künstliche Beeinflussungen des Wachstums etwa durch mineralische Dünger keineswegs so unproblematisch sind, wie sie allgemein gesehen werden und wie es der Mensch gerne hätte.

Vermutlich ist der Biotop Wiese überhaupt nur dann funktionstüchtig zu erhalten, wenn er eingebettet bleibt in das größere Umfeld einer naturnahen Kulturlandschaft mit eingestreuten Wald- und Brachlandflächen, Solitärbaum- und Heckenzonen, Feuchtarealen und Ökoinseln, in eine Landschaft also, wie sie sich die Menschen in Europa über Jahrhunderte gestaltet und erhalten haben. Wenn man die darin enthaltene Artenvielfalt ebenfalls in die Betrachtung miteinbezieht, wird verständlich, daß die Erhaltung der Nutzart »Kuh« für uns und für spätere Generationen vom Fortbestand einer ganzen Pyramide von nicht zählbaren Nahrungs- und Basisarten abhängt.

Was aber für die Nutzart »Kuh« gilt, trifft in gleicher oder ähnlicher Weise für alle anderen Arten zu, von denen sich der Mensch unmittelbar ernährt.

Zusammenfassend läßt sich also feststellen: Gewiß lebt der zivilisierte Mensch heute von verhältnismäßig wenigen Arten. Daraus kann und darf aber nicht geschlossen werden, daß die ganze übrige Artenfülle für seine Ernährung bedeutungslos wäre. Nach dem gegenwärtigen Stand biologischer Forschung ist es nämlich kaum auszumachen, wie viele Basis-, Nahrungs- und Ökosystemerhaltungsarten zur dauerhaften Erhaltung des sehr eingeschränkten Artenspektrums unserer gegenwärtigen Nutzarten notwendig sind.

Prinzip Topping-up

Die Fortexistenz einer Art hängt allerdings nicht allein von anderen Arten (Basis-, Ernährungs-, Lebensraum- und Vergesellschaftungsarten) und den jeweils spezifischen Umweltbedingtheiten ab. Neben diesen sehr wichtigen extraspezifischen Faktoren sind verschiedene innerartliche Einflüsse, wie Populationsdichte, Fruchtbarkeit, Vitalität, genetische Variabilität ebenfalls bedeutsam. Dies trifft insbesondere für die meisten unserer Nutzarten zu.

Bereits in unserer Frühgeschichte, als die Menschen von der Lebensform des Sammlers und Jägers auf die des Hirten und Ackerbauern überwechselten, versuchten sie, ihr Saatgut zu veredeln: Zunächst pflanzten sie bestimmte ausgesuchte Wildgrasarten, die sie schon als Nomaden zu ihrer Ernährung genutzt hatten, in Beeten. Diese mußten sie, wenn ihre Bemühungen Erfolg haben sollten, vor dem Zugriff anderer Nahrungskonkurrenten schützen, was schließlich ihre Abkehr vom Nomadenleben und ihre Seßhaftwerdung bedingte. Den jeweils größeren Teil der Ernte verwendeten die frühgeschichtlichen Bauern zu ihrer Ernährung, einen geringeren Teil zur neuerlichen Aussaat.

Unter dem Einfluß menschlicher Selektion und durchaus auch unter Mithilfe zufälliger genetischer Veränderungen entwickelten sich über Generationen hinweg schließlich aus den ursprünglichen Wildgräsern jene Kulturpflanzen, die jahrtausendelang von uns Menschen angebaut wurden und die noch heute unsere traditionellen Getreidearten bilden.

Im ständigen Wechsel von Aussaat und Ernte haben sich die Pflanzen immer mehr an die speziellen Umweltgegebenheiten ihrer jeweiligen Anbauregionen optimal angepaßt, so daß aus den verschiedenen Nutzpflanzenarten vielfältige regionenspezifische Unterarten (Varietäten, Rassen) entstanden.

In begrenztem Umfang bediente man sich schon sehr früh der Methode der Kreuzung zur Züchtung besser angepaßter Varietäten einer Art. Die Erfolge waren aber meist gering; exakt erprobte, methodische Verfahren hatten sich daraus zumindest im Bereich der Nutzpflanzen nur ansatzweise entwickelt.

Erst in den letzten 100 Jahren wurde damit begonnen, nach wissenschaftlichen Experimentiermethoden durch selektive Einkreuzungen neue Nutzpflanzensorten zu züchten und dabei bestimmte erwünschte Eigenschaften systematisch herauszubilden. So entstanden neue Sorten, die besonders widerstandsfähig gegenüber Krankheiten, gegenüber Klima- und Wettereinflüssen, gegenüber Schädlingen usw. waren oder besonders hohe Erträge einbrachten. Auch Qualitätsmerkmale wie Haltbarkeit, Nährwert und Verträglichkeit wurden auf diese Weise beeinflußt.

Insbesondere durch Kreuzung diverser domestizierter Zuchtformen mit wildlebenden Arten aus verschiedensten Regionen der Erde sind neue Saatgutformen entstanden, die hohe Erträge einbringen und sich deshalb weltweit große Marktanteile erobert haben. »So hängen mittlerweile drei Viertel der Weizenproduktion in Kanadas Prärien von nur *vier* Erfolgssorten ab. Ebenfalls sichern nur vier Erfolgssorten 72 Prozent der US-Kartoffelproduktion.«[4]

»Die Einbringung einer wilden Weizensorte aus der Türkei, die gegen alle bekannten Arten von Brand und mehrere andere Krankheiten resistent ist, hat die von den amerikanischen Farmern verwendeten kommerziellen Zuchtformen so verbessert, daß man den jährlichen Gewinn mit 50 Millionen Dollar beziffern kann. Ein dreiviertel Jahrhundert litt der Zwiebelanbau in den Vereinigten Staaten von Amerika unter schweren Verlusten durch Thrips, bis eine Abart aus Persien die Resistenz brachte, was schätzungsweise mindestens 3,5 Millionen Dollar ausmachte.

Kolumbien führte Mitte der sechziger Jahre eine neue Zwergform von Reis ein. Bis 1975 hatte sich durch sie der Ertrag um das Zweieinhalbfache erhöht. Der Wert wurde auf 350 Millionen Dollar geschätzt, wohingegen die Investitionen nur 340000 Dollar betragen hatten. Ähnliche Gewinne sind für Erdnuß, Kautschuk, Kokos und Palmöl nachzuweisen.«[5]

Banane, Zuckerrohr, Kakao und Kaffee, die alle als Kulturpflanzen Produkte genetischer Manipulationen sind, konnten ebenfalls durch das »Auffüllen« *(Topping-up)* mit frischem Genmaterial aus den tropischen Regenwäldern gegen neue Krankheiten, Seuchen und Umweltbelastungen resistent gemacht und damit gerettet werden. Die Erdnuß litt weltweit unter einer Blattkrankheit, die durch das Einkreuzen einer resistenten Wildform aus den Regenwäldern Amazoniens besiegt werden konnte. Der daraus erwirtschaftete Gewinn wird auf 500 Millionen Dollar geschätzt.

Der weitverbreitete Anbau einer immer geringeren Anzahl von hochgezüchteten, ertragreichen Varietäten in großflächigen Monokulturen hat allerdings nicht nur Vorteile, er birgt auch gefährliche Risiken für die Welternährung in sich: Durch die Fixierung auf nur wenige Anbausorten werden die gut angepaßten und widerstandsfähigen lokalen Varietäten mehr und mehr verdrängt.

Der russische Botaniker Nikolai Wawilow entdeckte in den zwanziger Jahren, daß sich der Ursprung aller in unserer Zivilisation gebräuchlichen Nahrungspflanzen zurückverfolgen läßt auf wenige kleine Gebiete im Mittelmeerraum, Kleinasien, Fernost, Äthiopien, Mittelamerika und den Anden. In diesen sogenannten Wawilowschen Zentren stieß der Forscher auf viele Wildformen und Vorläufer unserer heutigen Kulturpflanzen.

Im Zuge der »Grünen Revolution« der fünfziger und sechziger Jahre wurden durch die weltweite Einführung neugezüchteter, ungemein ertragreicher Hochleistungs- und Hybridsorten die meisten der traditionellen Anbausorten rasch verdrängt und auch die Wildsorten der Wawilowschen Zentren geraten beispielsweise infolge einer rasch fortschreitenden Versteppung in die Gefahr, völlig zu verschwinden.[6] Aber gerade sie gewinnen wachsende Bedeutung als wichtiges Reservoir zum Einkreuzen (Auftoppen) in die sich schnell erschöpfenden Hochertragssorten.

Schädlinge, Krankheitserreger, seuchenverursachende Viren usw. überwinden nämlich in relativ kurzer Zeit die den Sorten angezüchtete Widerstandsfähigkeit und führen in den einförmigen, großflächigen Monokulturen zu pestartigen Epedemien. Die mittlere Lebensdauer einer gebräuchlichen Getreidesorte beträgt nur fünf bis zehn Jahre. Nach dieser Frist müssen die pflanzlichen Abwehrkräfte durch Auftoppen mit frischem Genmaterial aus den Wildformen oder wildformnahen Varietäten erneuert werden. Dieses aber wird mit fortschreitendem Artensterben immer knapper. Der Menschheit könnte schneller als wir es ahnen eine biologische Rohstoffkrise von unvorstellbaren Dimensionen drohen.[7]

»Im amerikanischen Nordwesten beispielsweise überdauert eine neugezüchtete Weizensorte im Durchschnitt ganze fünf Jahre. Dann haben sich Rostpilze so gut an die Varietät angepaßt, daß ihr Befall durch Bekämpfungsmittel nicht mehr zu kontrollieren ist. Eine widerstandsfähigere Weizensorte muß entwickelt werden.«[8]

Überall auf der Welt schwinden jahrhundertealte Wildkräuter. Tausende uralter standorttypischer Obst-, Gemüse- und Getreidesorten, die bäuerliche Züchter über Generationen hinweg den jeweiligen Boden- und Klimabedingungen angepaßt haben, schwinden zugunsten einiger weniger Patent-Sorten. Die Einführung von Weizen, der Rekordernten versprach, verleitete in Asien arme Bauern, ihr herkömmliches, selbstgezogenes Saatgut restlos aufzuessen. »Die genetische Mannigfaltigkeit eines Jahrtausends, die sich bei einer Art ausgebildet hat«, beobachtete der US-Ökologe Garrison Wilkes, »kann wortwörtlich in einer einzigen Schüssel Brei verschwinden.«[9]

Die Geschichte der Pflanzenzucht kennt eine Reihe von Beispielen, bei denen genetisch einförmige Nutzpflanzen, die nicht rechtzeitig durch Wildpflanzen-Gene aufgefrischt worden waren, zu Hungerkatastrophen führten. Das wohl tragischste Beispiel war die Kartoffelseuche in Irland und in Teilen von Europa in den vierziger Jahren des vergangenen Jahrhunderts (vgl. S. 76).

»Die Kette der Kalamitäten ist nie abgerissen. Die aus Amerika eingeschleppte Reblaus ließ zu Beginn dieses Jahrhunderts die europäischen Weinbestände zusammenbrechen - bis Wissenschaftler entdeckten, daß sich die Zuchtreben retten ließen, indem sie auf reblausresistente amerikanische Wein-Wurzeln aufgepfropft wurden. Der sogenannte Mosaik-Virus vernichtete 1926 die Zuckerrohrernte im US-Staat Louisiana - bis sich der Erreger schließlich durch Einzüchtung einer Wildsorte aus Java zurückdrängen ließ.«[10]

1970 trat in den USA erstmals eine neue Mehltau-Varietät auf, die zwar nur wenige Maissorten befiel, aber eben gerade diejenigen, die auf 80 Prozent der Ackerfläche angebaut waren. Fast ein Fünftel der gesamten Maisernte in den USA wurde damals vernichtet.[11]

Die Umweltstudie *Global 2000* faßt die Situation zutreffend und zugleich eindringlich zusammen: Vier Fünftel der Weltnahrung stammen von weniger als zwei Dutzend Pflanzen- und Tierarten. Wildwachsende, lokale Sorten werden benötigt, um den heute viel verwendeten Hochertragsvarietäten Resistenz gegen Schädlinge oder Krankheitserreger einzukreuzen. Der Bestand an Varietäten nimmt rasch ab, da abgelegene, unberührte Landstriche zunehmend kultiviert werden. Lokale Varietäten, die oft ausschließlich den örtlichen Verhältnissen angepaßt sind, gehen auch deshalb verloren, weil sie durch ertragreichere Varietäten ersetzt werden. Heute setzt sich die Praxis der Monokultur einiger weniger Sorten immer mehr durch, womit die Ernten anfälliger für epidemische Pflanzenkrankheiten und Schädlingsbefall werden, während gleichzeitig die genetischen Ressourcen, die helfen könnten, solchen Katastrophen zu begegnen, verlorengehen.[12]

Umfangreiche Bemühungen, sich gegen derartige drohende Welternährungs- und Hungerkatastrophen zu schützen, haben in den siebziger Jahren zur Einrichtung von Gen-Banken geführt. »Die kostbaren Gene werden in Tiefkühltruhen, Blechdosen und Zellkulturen für die Nachwelt gesammelt. Weltweit gibt es mehr als hundert Gen-Banken, die betreut werden von der Internationalen Gesellschaft für Pflanzengenetische Ressourcen (IGPGR) mit Sitz in Rom. Sie bemüht sich zu retten, was noch zu retten ist. Indessen ahnen die Entwicklungsländer, daß die bei ihnen gratis eingesammelten genetischen Kostbarkeiten demnächst als patentpflichtiges, teures Hybrid-Super-Saatgut - für die Armen unerschwinglich - zu ihnen zurückkommen werden ... Zwei Dutzend Multis, so die Prognose, werden im Jahr 2000 den Welt-Nahrungsmittelmarkt unter sich aufteilen«[13], sofern, und das muß nachdrücklich hinzugefügt werden, es noch etwas aufzuteilen gibt. Denn schließlich sind auch der wissenschaftlichen und technischen Machbarkeit deutliche, sich mehr und mehr abzeichnende Grenzen gesetzt.

Ohne daß wir es im Trubel unserer allgemeinen Lebensbesorgungen und in unseren eilfertigen politischen und gesellschaftlichen Bemühungen um Wirtschaftswachstum, Geldwertstabilität, technischen Fortschritt, Vollbeschäftigung überhaupt wahrnehmen, zwängen wir unsere landwirtschaftlichen Produktionssysteme in Wirtschaftsweisen, die die Nabelschnur unserer elementaren Lebensgrundlagen immer mehr durchschneiden. Bei fortschreitendem Verlust der genetischen Vielfaltsreserven für unsere

Nutzarten könnte, nach den Prognosen verschiedener Experten, die Menschheit in eine Welternährungskrise von bisher nicht vorstellbaren Ausmaßen hineintreiben.

Es sind unsere allgemeine Ahnungslosigkeit, unsere Gleichgültigkeit, unser blindes Vertrauen in die Experten und unser selbstzerstörerischer Optimismus, die uns um den Preis des schnellen Geldes und der schnellen Siege derartige real drohende Risiken - »Restrisiken«, wie man sie zu bezeichnen pflegt - auf uns nehmen lassen. - Die Punischen Kriege - sie toben noch immer!

Ungenutzte Chancen

Die Palette der Arten, die wir gegenwärtig zu unserer Ernährung nutzen, ist verhältnismäßig klein, und sie könnte, wie bereits dargestellt wurde, in der Zukunft an Vielfältigkeit durchaus noch abnehmen. Die Tatsache nämlich, daß der Mensch eine Tier- oder Pflanzenart für sich nutzt, ist für sie gerade im Hinblick auf die heute nötige Massenversorgung und der damit einhergehenden Gefahr der frühzeitigen degenerativen genetischen Erschöpfung keine Garantie mehr dafür, vor dem Aussterben absolut geschützt zu sein. Vielmehr kann eben dieser Umstand gerade dazu führen, daß die jeder Art durch die Evolution eingeräumte, begrenzte Durchlaufzeit auf der Erde infolge rascher genetischer Homogenisierung erheblich verkürzt wird. Die Viehzucht beispielsweise könnte bald ein solches kritisches Stadium erreicht haben.

Andererseits ist der Mensch von Natur aus keineswegs nur auf die gegenwärtig von ihm genutzten Nahrungsarten festgelegt. Diese haben sich vielmehr erst in einem langwierigen historischen Prozeß herausgebildet. Seit Jahrtausenden überlieferte regionen- und kulturspezifische Ernährungsgewohnheiten der verschiedenen Völker wurden vor allem mit dem Vormarsch der Zivilisation des weißen Mannes zunehmend verdrängt. Ähnlich wie Kleidung, Wohnkultur, Umgangsformen, Arbeitsweisen,

Status- und Wettbewerbsverhalten und viele andere Dinge wurde auch die Ernährung immer mehr monotonisiert und weltweit vereinheitlicht, ein Prozeß, der durchaus noch nicht abgeschlossen ist, wie die wachsende Verbreitung der Fast-Food-Ketten um den ganzen Globus zeigt.

So geht die Ausbreitung unserer Kulturpflanzen auch auf die tropischen Länder wesentlich auf die Verbrauchergewohnheiten der früheren Kolonialherren zurück. Durch sie wurden die in diesen Ländern traditionellen Nahrungsnutzarten der eingeborenen Völker weitgehend zurückgedrängt. Damit aber ging im Laufe der Zeit schließlich auch das Wissen über Nutzungsform und Zubereitung vieler ursprünglicher Nahrungsarten der eingeborenen Bevölkerung verloren.

In den letzten Jahrzehnten unseres Jahrhunderts hat sich die Nahrungsmittelversorgung in den unterentwickelten Ländern immer weiter verschlechtert. Mitte der siebziger Jahre war etwa eine halbe Milliarde Menschen erheblich unterernährt. Schreckliche Hungerkatastrophen charakterisieren viele Länder der Dritten Welt heute mehr als andere, positive Beschreibungsmerkmale. Und der Hunger wird sehr schnell weiterwachsen. Nach *Global 2000* werden bis zum Jahr 2000 etwa 1,3 Milliarden Menschen erheblich unterernährt sein. In diese Hochrechnung sind die konventionellen Steigerungsmöglichkeiten der landwirtschaftlichen Produktion, wie vermehrter Düngemittel- und Biozideinsatz, der Anbau neuer ertragreicherer Sorten unserer Nutzpflanzen, die Vergrößerung der Anbauflächen, schon sehr optimistisch einbezogen.

Dagegen wird auf der anderen Seite die Tatsache, daß in den Ländern mit landwirtschaftlicher Überschußproduktion in der ferneren Zukunft mit einem Rückgang der Erträge gerechnet werden muß, vollkommen vernachlässigt. Irgendwann nämlich wird die Natur in diesen Regionen ihren Preis fordern für die über Jahrzehnte hinweg betriebene totale Auspowerung der Böden durch Intensivbewirtschaftung und viele andere Belastungsformen. Allein die Erosionsschäden durch Abschwemmung des Bodens über Bäche und Flüsse beträgt in Bayern 180000 t/Jahr, die

Gesamterosion der Ackerflächen durch Bodenumlagerungen beläuft sich gar auf 18 Millionen t/Jahr.[14]

Die Frage der Nahrungsmittelversorgung für eine ständig wachsende Menschheit wird sich in der Zukunft nicht allein auf konventionelle Weise lösen lassen. Neue Wege müssen gefunden werden. Die Hoffnungen der Experten beruhten lange Zeit auf beziehungsweise in den Meeren mit ihren ungeahnten biologischen Ressourcen. Diese aber scheiden wegen der ungeheueren Schad- und Giftstoffeinschwemmungen durch die Flüsse der Industrienationen zunehmend aus. In Jahrmillionen gewachsene marine Ökosysteme werden unbedacht und um den Preis kurzzeitiger Vorteile irreparabel zerstört und damit auch alle Illusionen von der Ernährung aus den Meeren.

Neue Hoffnungen gründen sich heute deshalb einerseits auf das ungeahnte Potential bisher nicht genutzter Arten und andererseits auf die Möglichkeiten genetischer Manipulationen.

Es gibt zahlreiche Beispiele für kaum oder nicht genutzte Pflanzen, deren Nahrungspotential für den Menschen längst nachgewiesen ist. Die Aborigines Australiens haben sich von Pflanzen ernährt, die uns heute unbekannt sind. So bevorzugten sie Jamswurzeln, die den trockenen Verhältnissen ihrer Heimat gut angepaßt sind. Jamswurzeln eröffnen vielfältige Möglichkeiten, durch Kreuzungen mit anderen Formen Unterarten herauszuzüchten, die sich überall in den Tropen anbauen lassen und dort einen wichtigen Beitrag zur Ernährung der Bevölkerung leisten können.

Der Tamarugo-Baum in der Atacama-Wüste in Chile bringt eine eßbare Hülsenfrucht hervor. Er kann in einem Boden überleben, der mit einer einen Meter dicken Salzschicht bedeckt ist. Somit könnte er in natürlichen oder durch falsche Bewässerung versalzten Böden gedeihen. Auf diese Weise könnten riesige, bisher ungenutzte Flächen für die Landwirtschaft neu erschlossen werden. Immerhin versalzen heute pro Jahr rund 1250 Quadratkilometer Boden infolge ungeeigneter Bewässerungsmethoden. Die äußerst nahrhaften Schoten und Blätter des Tamarugo-Baumes ermöglichen eine intensive Schafhaltung, die mit der auf gutem Grasland durchaus vergleichbar ist.

Viele verschiedene Straucherarten der Trockenzonen - Salzmelde, stachellose Kakteen, Melde, Luzerne und der Mesquite-Baum - könnten eiweiß- und nährstoffreiches Viehfutter, Fasern, Öl und dazu noch das sehr wichtige Feuerholz liefern. Sie könnten Wüsten fruchtbar machen und auf diese Weise deren raschem Vorrücken Einhalt gebieten. Zur Zeit werden jährlich 60000 Quadratkilometer Ackerland und noch weit mehr Grasland zu Wüsten. *Global 2000* zieht sogar die Möglichkeit in Betracht, daß sich die Wüstengebiete der Erde bis zum Jahr 2000 gegenüber dem Stand von 1977 verdreifacht haben könnten.[15] Das aber hätte nicht nur fatale Folgen für unsere Ernährung, sondern auch für das gesamte Klimasystem der Erde.

Auch Pflanzen anderer ökologischer Zonen könnten zur Ernährung der Menschheit beitragen. »Eine Meerespflanze von der Westküste Mexikos bringt Körner hervor, die zu Mehl zermahlen werden können. Die Meere könnten gut zu Brotlieferanten werden, wie die amerikanische Akademie der Wissenschaften 1975 festgestellt hat. Im Bergland Äthiopiens gibt es ein grasartiges Blattgemüse, das eine vielversprechende Quelle pflanzlichen Proteins zu sein scheint. Der Ertrag liegt bei 120 kg pro Hektar, was dem der Luzerne und der Sojabohne entspricht. Es ist wert, sich in Erinnerung zu rufen, daß uns mit Hilfe genetischer Manipulationen eine einzige Wildpflanze der gleichen Gattung mit Kohl, Grünkohl, Broccoli, Blumenkohl und Rosenkohl versorgt hat. Viele andere Nahrungspflanzen sind von lokaler Bedeutung, anderswo jedoch unbekannt. Eine systematische Untersuchung könnte viele hundert Pflanzen ausweisen, die für die Ernährung in Frage kommen.«[16]

Auch bei den Tieren sind viele erkennbare Möglichkeiten der Domestikation noch längst nicht ausgeschöpft. Nur ein geringes Potential von Süß- und Seewasserarten ist bisher beispielsweise in Aquakulturen domestiziert worden. 1975 wurden auf diese Weise sechs Millionen Tonnen Fische und Muscheln erzeugt. Israel produziert die Hälfte seines Fischbedarfs in Aquakulturen, China schätzungsweise 90 Prozent. Hier und in anderen Ländern des Fernen Ostens hat die Fischkultur in den überfluteten Reisfeldern lange Tradition. Die Fischbestände bilden nicht nur eine Nahrungsbasis für die Menschen, sie fressen auch die Larven von Moskitos und anderen Schädlingen, und ihr Kot düngt den Reis.[17]

Eine andere Tiergruppe, die sich für die Domestikation oder Semidomestikation geradezu anbietet, sind die großen afrikanischen Huftiere: Elen-Antilopen zum Beispiel haben sich als Haustiere bereits bewährt; ihr Schlachtgewicht ist - bei etwa gleichem Lebendgewicht - um ein Drittel höher als bei Rindern, und auch ihre Milch ist sehr gut zu verwerten. Genauso könnten sich auch andere Antilopen wie die Gnus, die Kob-Antilopen oder die vielen kleineren Gazellenarten für eine Haustierhaltung eignen, vorausgesetzt, daß der Mensch alle diese Arten rechtzeitig vor ihrem Aussterben bewahrt.[18]

Die genannten Beispiele verstehen sich lediglich als eine Andeutung von im Grunde ungeahnten Möglichkeiten. Vor allem die tropischen Regenwälder bieten eine Fülle von Arten, die sich unmittelbar für unsere Ernährung nutzen ließen. Viele davon eignen sich auch zum Anbau in landwirtschaftlichen Kulturen.

Eine andere sehr hoffnungsvolle Quelle zur Erschließung neuer Nahrungsmittel könnte in der Zukunft in der künstlichen Genkombination liegen. Wenngleich diese Technik heute sehr viel von sich reden macht und viele Skeptiker mit Recht vielfältige Einwände dagegen vorbringen, darf dennoch nicht ganz übersehen werden, daß gerade im Bereich der Pflanzengenetik bereits beachtliche Erfolge erzielt wurden. So führt Norman Myers die Rekordernten Nordamerikas und anderer Gegenden der gemäßigten wie der tropischen Zonen eher auf das Können der Pflanzengenetiker als auf die großen Mengen von Pestiziden oder Kunstdüngern zurück. Dies trifft besonders auf die Hauptgetreidesorten der Grünen Revolution zu: auf Weizen, Reis und Mais.

Es wurde zum Beispiel eine Gerstensorte entwickelt, die auf Sanddünen wachsen kann. Ein entsprechender Durchbruch könnte den Genetikern auch bei anderen Getreidearten gelingen, wenn sie auf eine genügend große Anzahl wilder Varietäten zurückgreifen können. So haben sie beispielsweise eine völlig neue Getreidepflanze gezüchtet, Triticale genannt, eine Kreuzung zwischen

Weizen und Roggen. Aber ohne einen ausreichenden Vorrat an wilden Rassen und primitiven Kultursorten der wichtigsten Getreidepflanzen besteht jedoch wenig Aussicht, die Grüne Revolution und andere Entwicklungen voranzutreiben.

Genetische Manipulationen werden auch in der Tierzucht seit langem erfolgreich praktiziert. Ohne das Einkreuzen von englischen, fanzösischen, amerikanischen und vielen anderen Rinderrassen in unsere lokalen Viehbestände wäre es wohl kaum möglich gewesen, beispielsweise im Allgäu Rinder zu halten, die auf der einen Seite immer noch steigende Milchleistungen einbringen und auf der anderen Seite optimal an die rauhen klimatischen Verhältnisse angepaßt sind. Vielmehr wären bei den heutigen Bestandsgrößen ohne derlei Einkreuzungen sehr rasch degenerative genetische Erschöpfung und unter Umständen der vollständige Zusammenbruch der Populationen zu befürchten gewesen.

Die Genmanipulation im Dienste züchterischer Ertragssteigerungen und zur Erschließung weiterer Nahrungsressourcen steht bis jetzt erst am Anfang »schwindelerregender« neuer Möglichkeiten: »Die heute vorherrschenden Rinderrassen könnten durch Bastardierung mit verwandten wilden Arten verbessert werden. In Kalifornien hat die Kreuzung des Hausrindes mit dem Bison ein Tier hervorgebracht, dessen Fleisch angeblich 25 bis 40% weniger kostet als Rindfleisch, weil sich das Tier von Gras ernähren kann und die 500 Dollar teure Zusatzfütterung nicht braucht, die die konventionellen Rinder vor Erreichen des Schlachtgewichts verzehren. Außerdem benötigt der ›Beefalo‹ nur die halbe Zeit, um das Gewicht von 450 kg zu erreichen. Auch die Hausgans könnte durch Gene der in der Antarktis brütenden Wildgänse, die sich durch kurze Brutzeiten und ultraschnelles Wachstum auszeichnen,verbessert werden. Ferner könnte man Züchtungen aus den gemäßigten Breiten durch tropische Gänsesorten, die das ganze Jahr über legen, verbessern. Zahlreiche Tierarten könnten als neue Fleischlieferanten in Frage kommen.«[19]

Die genannten nur stellvertretend ausgewählten Beispiele sollen deutlich machen, welch unvorstellbare Ressourcen allein im Bereich der Ernährung im gewaltigen Reservoir der Arten noch liegen. Die Möglichkeiten einer Ausschöpfung - auf die die Menschheit früher oder später allerdings auch angewiesen sein wird - hängen aber von zwei wesentlichen Komponenten ab:

Einerseits kommt es darauf an, die Artenvielfalt der Erde und ihrer Ökosysteme zu erhalten, denn in jeder schwindenden Art könnte - überspitzt formuliert - ein wichtiger Schlüssel für die Zukunft der Menschheit liegen, auch wenn dies für uns und unsere Zeit nicht erkennbar ist. Die gegenwärtigen politischen Bemühungen um die Erhaltung der Arten aber muten noch immer eher lächerlich an.

Andererseits liegen im experimentellen Hantieren mit dem biologischen Grundmaterialien der Gene nur schwer abschätzbare und zum Teil überhaupt nicht überschaubare Gefahren für die gesamte Biopshäre. Auch hier könnte der Mensch, wie anderswo, Kräfte entfesseln, die, einmal hervorgebracht, sich verselbständigende biologische Prozesse in Gang setzen, die sich weder kontrollieren noch rückgängig machen lassen und zu neuen globalen Plagen der Menschheit werden könnten.

Angesichts der unzähligen menschlichen Unzulänglichkeiten im Bereich verschiedenster moderner Technologien und im Blick auf die selbstmörderische Risikobereitschaft industrialisierter Massengesellschaften um ihres Wohlstandes willen erscheint es kaum wahrscheinlich, daß sich die Menschheit ausgerechnet im Bereich der Genmanipulation jene verantwortungsbewußte Selbstbeschränkung auferlegen wird, die sie vor möglichen Gefahren bewahren könnte.

Verschenkter Fortschritt

Neben der Zerstörung seiner grundlegenden Nahrungsressourcen nimmt sich der Mensch mit der von ihm achtlos betriebenen weltweiten Artenvernichtung auch in mannigfachen anderen Bereichen entscheidende Chancen für sein Überleben in der Zukunft. Es gilt als sicher, daß viele der bisher noch nicht bekannten Tier- und Pflanzenarten ungeahnte potentielle Rohstoffe und damit den Schlüssel zu wichtigen Fortschritten in sich bergen; dies nicht nur im Bereich industrieller und biotechnischer Verwertungsmöglichkeiten der Arten, sondern vor allem auch auf zahlreichen Gebieten der Medizin und der Pharmakologie.

Schon heute gewinnen wir viele Drogen und Arzneimitteln aus Pflanzen und Tieren: Analgetika, Antibiotika, Herzmittel, antileukämische Medikamente, Enzyme, Hormone und Antikoagulantien. Die meisten der pflanzlichen Rohstoffe stammen aus den tropischen Regenwäldern. Von den wichtigsten Pharmaka, die aus höheren Pflanzen gewonnen werden, können nur sieben auf kommerzieller Basis und zu wettbewerbsfähigen Preisen synthetisch hergestellt werden. Stellt man Reserpin auf natürlicher Grundlage her, so kostet das 0,75 Dollar pro Gramm, bei einer synthetischen Herstellung jedoch 1,25 Dollar.[20]

»Bienengift wird gegen Arthritis eingesetzt. Schlangengifte können in unterschiedlichster Weise als nicht abhängigmachende Schmerzmittel Anwendung finden und versprechen eine erfolgreiche Behandlung bei Thromboseerkrankungen. Die Larven der Schmeißfliege sondern einen Stoff ab, der die Heilung tiefer Wunden und faulender Gewebe begünstigt und bei Knochenmarksentzündungen eingesetzt wird. Cantharidin, das aus dem europäischen Ölkäfer gewonnen wird, benutzt man zur Behandlung bestimmter Erkrankungen des Urogenitalsystems.«[21]

Eine besonders wichtige Gruppe von Arzneimitteln stammt aus basischen Stickstoffverbindungen. Diese kommen in rund 20 Prozent aller Pflanzen vor, den Alkaloiden. Aus ihnen gewinnen wir heute Strychnin und Kokain ebenso wie zahlreiche Narkotika, darunter auch Morphin und Nikotin, Halluzinogene wie Meskalin und LSD und eine Vielzahl von Arzneimitteln, die weltweit eingesetzt werden zur Schmerzbekämpfung, gegen Malaria, zur Anregung der Herz- und Atemtätigkeit, zur Verstärkung des Blutdrucks, zur Erweiterung der Pupillen, zur Muskelentspannung, zur Lokalanästhesie, zur Hemmung und Eindämmung bei Tumorbildungen und als antileukämische Medikamente.

Die gegenwärtigen wissenschaftlichen Befunde und Erfolge berechtigen zu großen Hoffnungen auf ungeahnte Fortschritte in der Medizin der Zukunft durch eine systematische Erforschung der Grundstoffe der Arten. Voraussetzung dafür ist allerdings, daß wir uns den gigantischen Genpool der Arten des Planeten auch tatsächlich erhalten. So sind bis heute beispielsweise nur ca. 2% aller 300000 Blütenpflanzenarten auf Alkaloide hin untersucht worden, und trotzdem hat man bereits über 1000 gefunden.

»Krebsheilmittel auf pflanzlicher Basis eröffnen so viele Möglichkeiten, daß das National Cancer Institute der Vereinigten Staaten von Amerika große Forschungsanstrengungen unternimmt, um neue Wirkstoffe von wilden Pflanzenarten ausfindig zu machen. (...) Seit 1960 hat das Institut an die 100000 Auszüge von 29000 Pflanzenarten untersucht, von denen etwa 3000 möglicherweise Wirkstoffe gegen Krebs enthielten (abgesehen von ihren Einsatzmöglichkeiten bei einer Vielzahl anderer Krankheiten). Von diesen 3000 haben 15 Materialien geliefert, die klinische Versuche rechtfertigen, und das Institut rechnet damit, wenigstens fünf Arten zu finden, deren krebsbekämpfende Wirkstoffe eine kommerzielle Entwicklung sinnvoll erscheinen lassen.«[22]

Tiere und Pflanzen könnten dem Menschen auch noch zu vielen anderen, oft ganz unerwarteten Zwecken dienen. Flora und Fauna stecken voller Wunder, die sich nicht nur in Wissenschaft, Technik, Architektur, Kunst, Medizin und Pharmakologie nutzen lassen, sondern vor allem auch in so lebenspraktischen Bereichen wie Wasserklärung, Schädlingsbekämpfung, Gebäude-, Kanal- und Rohrreinigung, Luftreinigung, Ufer- und Küstenbefestigung, Gebäudeheizung und vielen anderen Dingen. Nur haben wir gerade den alltäglichen Leistungen der Natur bisher zu wenig Aufmerksamkeit zugewandt, was durchaus bezeichnend für uns Menschen ist. Unser ausgeprägter Hang zu Abenteuer und Spiel, unsere Lust an der Beschäftigung mit den unwesentlichen Dingen und vor allem unsere Arroganz, mit der wir uns allmächtig und unkritisch in der Mitte der Welt sehen, haben uns in unserer Geschichte konsequent dazu verleitet, eben die Dinge am allerwenigsten zu beachten, von denen unsere Existenz am meisten abhängt.

»Das Ausmaß unserer Unwissenheit hinsichtlich unseres irdischen Erbes läßt sich daran ablesen, daß wir den größten zusammenhängenden Teil der Erdoberfläche, die Meere, praktisch nicht kennen. (...)

Wir wissen so gut wie gar nichts von den biologischen, chemischen und mechanischen Eigenschaften der meisten von der Wissenschaft erfaßten Arten, ganz zu schweigen von jenen, die erst noch entdeckt werden müssen. Erst rund 10% der 300000 Pflanzenarten sind überhaupt untersucht worden, und nur etwa ein Prozent ist gründlich auf seine potentielle Nützlichkeit für die Menschheit hin geprüft. Aber angesichts dessen, was bereits entdeckt worden ist, erscheint es statistisch als sicher, daß der Artenbestand der Erde noch viele neue Stoffe enthält, die von direktem Nutzen für den Menschen sind.«[23]

Gegenwärtig erleben wir die groteske Situation, daß wir auf der einen Seite unzählige Arten ausrotten, weil wir ihnen in unserer Welt, unserer Zivilisation und der Art, wie wir uns globalpolitisch organisieren, keine Überlebensmöglichkeiten lassen. Daß wir uns damit aber auf der anderen Seite unzählige neue Probleme schaffen, die - wenn überhaupt - nur mit Hilfe dieser ausgerotteten Arten gelöst werden könnten, sehen wir nicht.

Vom Zusammenbruch der planetarischen Bordsysteme

Neben den Gesichtspunkten der potentiellen Nützlichkeit der *einzelnen* Arten sprechen mit zunehmenden ökologischen Erkenntnissen immer mehr Anzeichen auch dafür, daß *alle* unsere Arten, auch die vermeintlichen Schädlinge und sogar die erklärten Feinde des Menschen, noch unter ganz anderen Gesichtspunkten von größter Bedeutung sind. Wie bereits dargestellt, lebt keine Art für sich allein. Sie ist vielmehr auch Funktionsteilchen in einem größeren Ökosystem, in dem sie einen bestimmten Platz ausfüllt und damit das Funktionieren des Systems ermöglicht oder begünstigt.

Natürlich gibt es – ähnlich wie im menschlichen Organismus – in einem Ökosystem Arten, denen im Systemganzen eine ausgesprochene Schlüsselfunktion zukommt, und sogenannte Luxusgeschöpfe, deren Beitrag weniger bedeutsam oder sogar entbehrlich ist, weil er im Bedarfsfall auch von anderen Arten übernommen werden kann. Wir müssen aber ganz allgemein davon ausgehen, daß wir die meisten der ungezählten Wechselwirkungsmechanismen zwischen den Arten eines Ökosystems noch gar nicht kennen und deshalb die tatsächliche Bedeutung einer Art für das Ganze und ihre Systemeinbindung nicht letztverbindlich einschätzen können.

Eine wissenschaftliche Einteilung der Arten in systemtragende und systemperiphere ist nach unserem gegenwärtigen Kenntnisstand allenfalls als »vorläufig gesichert« vertretbar. Zunehmend verdichtet sich in der Biologie die keineswegs neue Erkenntnis, daß ein Ökosystem um so stabiler ist, je artenreicher es ist. Die Austilgung einer Art bleibt nicht ohne Auswirkungen auf das Fließgleichgewicht des Systems, auch wenn dies wegen der komplexen Wechselwirkungen zwischen den Arten für uns nicht unmittelbar erkennbar ist.

Einzelart und Ökosystem bedingen einander wechselseitig. So wie das System nur mit Hilfe der Platzhalterfunktionen seiner Arten funktionieren kann, kann die einzelne Art im System nur existieren, sofern und solange dieses im Zusammenspiel mit allen anderen Ökosystemen der Erde seine Gesamtdienstleistungen für die Arten erbringt.

Alle Ökosysteme unseres Planeten – wie Waldregionen, tropische Regenwälder, Sumpfgebiete, Savannen, Wüsten, Steppen, arktische Regionen, Tundragebiete, Binnenseen und -meere, Meere, Wattenregionen, Schelfregionen – erbringen zusammen ganz spezielle Dienstleistungen für die gesamte globale Biosphäre. Hierzu gehören unter anderem die Zusammenmischung der spezifischen Gasanteile unserer Atmosphäre, die Feuchtigkeits- und Temperaturregulierung der Luft, die Gestaltung des Klimas und des Wetters, die Regulierung der Süßwasservorräte, die Verteilung des Süßwassers über die Kontinente, die Regulierung der Erderwärmung, die Regulierung der Wassertemperaturen und der Strömungen der Meere, die Entstehung und Umverteilung von Boden.

Da sich alle Arten unter den relativ stabilen Bedingungen dieser Dienstleistungen entwickelt haben, sind sie an diese optimal angepaßt und damit auch auf sie angewiesen, das heißt: Ohne die Dienstleistungen der Ökosysteme wäre die Lebensexistenz aller irdischen Lebewesen aufs äußerste gefährdet und ohne wichtige Anpassungsschritte unter Umständen überhaupt nicht mehr möglich. Die Ökosysteme sind gewissermaßen die lebensbedingenden planetarischen Bordsysteme des »Raumschiffes Erde«.

Die Erkenntnis, daß unsere Erde ein Raumschiff ist, das sich ohne fremde Hilfe selbst versorgen muß, drängte sich unmittelbar auf, als die ersten bemannten Raumflüge starteten. Während Raumfahrer aber zu ihrer Heimatbasis zurückkehren können, gibt es für die Erde keine Versorgungsmöglichkeiten von außen. Wir werden immer von dem leben müssen, was wir »an Bord« haben, wie es Herbert Gruhl einmal treffend formuliert hat. Von daher zeichnen sich nicht nur Grenzen der Ressourcen, sondern auch eine Begrenzung der Zahl der »Mitfahrer« und schließlich auch die Möglichkeit der Selbstzerstörung ab.

Eine der grundlegendsten Voraussetzungen für die Lebensexistenz der Arten wie auch für unsere eigene ist die Erhaltung der Ökosysteme des Planeten und ihrer Dienstleistungen. Der Wert der einzelnen Art ist insofern nicht nur vom Gesichtspunkt ihres unmittelbaren Nutzens und ihrer direkten Verwertbarkeit für den Menschen zu sehen, sondern vielmehr noch auch aus dem Blickwinkel ihres Stellenwertes im Ökosystem. Von daher gewinnt der Verlust jeder Art eine neue, beängstigende Dimension.

Mag sein, daß wir das eine oder andere Produkt, das wir aus einer Art gewinnen, durch andere Produktionsverfahren kompensieren können, wenn sie ausstirbt. Damit aber ist das Problem längst nicht gelöst. Es könnte sich nämlich, oft nach langen Zeiträumen, plötzlich herausstellen, daß mit dem Verschwinden dieser Art eine Lücke im Sytem entstanden ist, die der Mensch - wenn überhaupt - nur mit großem technischem Aufwand, den er dann auch für alle Zeiten seiner weiteren Existenz erbringen muß, wieder schließen kann. Die vielfältigen Formen der unverzichtbaren bestandsregulierenden Jagd sind ein noch vergleichsweise harmloses Beispiel dafür.

Wie komplex und unnachahmlich viele Dienstleistungen unserer Ökosysteme tatsächlich sind, wird dort deutlich, wo der Mensch versucht, ihre Leistungen mit technischen Mitteln künstlich nachzuvollziehen. So gelingen beispielsweise die Schaffung eines gesunden Raumklimas durch Air-conditioning, die Wasseraufbereitung in einem Schwimmbad und in einem Wasserwerk, die kommunale Wasserklärung oder die ökologische Ausbalancierung eines einfachen Aquariums in aller Regel selbst bei ungewöhnlich hohem technischem Aufwand nur höchst unbefriedigend, nur kurzzeitig stabil und deutlich mangelhaft im Vergleich zu den entsprechenden Leistungen der Natur.

Trotz noch fehlender, exakter wissenschaftlicher Beweise gibt es viele Anhaltspunkte, die die Annahme rechtfertigen, daß die großflächige Rodung der tropischen Regenwälder das Klima auch in den gemäßigten Zonen verändern wird. Gerodete Flächen würden, so nimmt man an, mehr Sonnenwärme reflektieren (Albedo-Effekt), und das könnte das gesamte Luftzirkulationssystem der Erde verändern. Eine Verminderung der Regenfälle in der Äquatorialzone, eine Zunahme der Regenfälle in den Regionen zwischen den 5. und 25. Breitengraden beiderseits des Äquators und eine Landverringerung zwischen dem 40. und 85. nördlichen Breitengrad wären möglicherweise die Folgen.

In den folgenden Abschnitten sollen nur einige wesentliche Dienstleistungen unserer planetarischen Ökosysteme und die Formen ihrer gegenwärtigen Bedrohungen kursorisch skizziert werden.

Die Atmosphäre besteht aus einem Gemisch von Gasen, wobei der prozentuale Anteil der einzelnen Gase recht unterschiedlich ist. Bis zu einer Höhe von etwa 90 km verändert sich die Zusammensetzung der Luft praktisch nicht. Obwohl die Luft aus einem Gemisch von elf nachgewiesenen Gasen besteht, spricht man meist lediglich von den vier Hauptanteilen: Stickstoff (78,088 Volumenprozent), Sauerstoff (20,949 Volumenprozent), Argon (0,93 Volumenprozent) und Kohlendioxid (0,03 Volumenprozent).

Die Atmosphäre kann man mit einem großen Wärmeaustauschsystem vergleichen. Darin bekommen die Tropen Wärme zugeführt, während sie den Polargebieten entzogen wird. Die Zufuhr bzw. Entnahme der Wärme entsteht durch Absorption und Reflexion der Sonnenstrahlen an der Erdoberfläche und an der Atmosphäre. Diese atmosphärische »Wärmemaschine« erhält ihre Energie aus der Sonnenstrahlung.

Ein Teil des molekularen Sauerstoffs wird unter dem Einfluß der Sonnenstrahlen in Atome zerlegt. Diese Atome verbinden sich mit Sauerstoffmolekülen zu Ozon, welches eine in großer Höhe den Erdball überziehende Ozonschicht bildet. Die Ozonschicht schützt das gesamte Leben auf der Erdoberfläche vor den schädlichen ultravioletten Sonnenstrahlen.

Die rund 21 Prozent Sauerstoffanteil in der Atmosphäre sind die Lebensbasis für Menschen und Tiere. Sie sind das Produkt der photosynthetischen Aktivitäten der grünen Pflanzen. Vor den Prozessen der Photosynthese gab es keinen Sauerstoff in der Atmosphäre und deshalb auch keine Tiere.

Das Verhältnis der Sauerstoff- und Stickstoffkonzentration in der Atmosphäre ist für die Existenz der Lebewesen von großer Bedeutung. Eine ernsthafte Veränderung dieser Anteile an der Atmosphäre durch menschliche Aktivitäten ist allein schon wegen der unvorstellbaren Gasmengen in der Atmosphäre nur in Zeiträumen von Jahrtausenden denkbar. Anders verhält es sich dagegen mit jenen Gasen, die nur in geringen Mengen in der Luft vorhanden sind, oder mit dem Wasserdampf, dessen Entstehung teilweise auf biologische Vorgänge in den Ökosystemen zurückgeht.

Unsere gegenwärtig schlimmste Bedrohung ist die Veränderung der Ozonschicht aus bisher nur teilweise geklärten Ursachen. Eine Zerstörung dieser Schicht würde die Ausfilterung der ultravioletten Strahlung der Sonne in noch unbekannten Dimensionen verringern und auch unser Klima beeinträchtigen. Beides hätte Konsequenzen für Fauna und Flora der Erde und nicht zuletzt auch für die Gesundheit und Nahrungsmittelversorgung des Menschen.

Ökosysteme beeinflussen nicht nur Zusammensetzung und verschiedene andere Eigenschaften der Atmosphäre, sondern sie gestalten auch wesentlich die globalen Strukturen der Luftzirkulation mit. Diese haben ihrerseits wichtige Auswirkungen auf Wetter und Klima des gesamten Erdballs. Wetterveränderungen werden hauptsächlich durch die Wärmekraft der Sonne verursacht. Sonnenwärme läßt über erhitzten Regionen der Erde Säulen aufsteigender Luft entstehen. Über kälteren Gebieten dagegen sinkt die Luft wieder in Erdnähe. Zwischen den Regionen aufsteigender und fallender Luft entsteht ein Luftausgleich. Eine stetige Zirkulation der Atmosphäre ist die Folge.

Unter der Einwirkung der Sonnenenergie verdunstet Wasser aus den Weltmeeren sowie aus anderen Gewässern und gelangt auf diese Weise in die Atmosphäre. In höheren kühleren Luftschichten bilden sich schließlich aus dem verdunsteten Wasser Wolken, die von den Winden in den festgelegten Bahnen der Luftzirkulationssysteme über den ganzen Erdball transportiert werden, bis sie irgendwo in Form von Regen oder Schnee wieder auf die Erde niedergehen. Die Niederschlagsgebiete sind unter anderem auch durch topographische Verschiedenheiten der Erdoberfläche, insbesondere Gebirgszüge, ausgedehnte Tiefebenen, Meerengen festgelegt.

Von großer Bedeutung für Wetter und Klima ist weiterhin die Beschaffenheit der Erdoberfläche, weil sie wesentlichen Einfluß darauf nimmt, welche Menge einstrahlender Sonnenenergie von der Erde aufgenommen oder wieder reflektiert wird. Wolkenfelder und Wüstengebiete reflektieren einen Teil der Sonnenenergie wieder ins All zurück, während große Waldbiotope die Reflexion erheblich verringern.

Die Waldungen des Amazonasbeckens zum Beispiel halten das Regenwasser wie in einem Schwamm fest und schicken es mehrere Male im Wege der Wärmeverdunstung, Wolkenbildung, Windabdrift und neuerlichen Abregnung in die Atmosphäre zurück, ehe es wieder in das Meer fließt. Die Bewölkung über dem Amazonasbecken ist zu einem großen Teil eine direkte Folge der Funktionsfähigkeit der dortigen Waldökosysteme. Wenn diese Wälder gerodet werden, würden vermutlich die Reflexion der Atmosphäre über jenem Gebiet vermindert, die Reflexion der Oberfläche dagegen verstärkt werden. Das Ergebnis eines solchen Eingriffs wären ein beachtlich erwärmtes Klima und eine zunehmende Trockenheit in diesem Gebiet. Eine derartige lokale Klimaveränderung könnte letztlich aber auch bedeutende unerwartete Einflüsse auf Klima und Wetter anderer Regionen haben.

Jedoch nicht nur in den tropischen Regenwäldern haben Ökosysteme Einfluß auf die Reflexion der Sonneneinstrahlung. Pflanzen bewirken ganz allgemein eine geringere Sonnenabstrahlung und halten den Boden, mit dem sie verwachsen sind, fest. Damit verhindern sie eine Abtragung der Bodenkrume durch Deflation (Winderosion). Eine Zerstörung der Pflanzendecke und die damit ausgelöste Abtragung des Humusbodens dagegen verstärkt die Reflexion von Sonneneinstrahlung gleich in zweifacher Hinsicht und mit bedeutenden Folgen für das lokale Klima. Vermutlich wurde auf diese Weise insbesondere der Mittelmeerraum ökologisch tiefgreifend verändert.

Weltweit wandelt sich gegenwärtig zu Ackerbau oder Weidebewirtschaftung geeignetes Land in Wüsten um. »Überintensive Nutzung des Bodens löst einen sich ständig selbst verstärkenden Vorgang der Bodenverschlechterung aus. Grasende Tierarten wählen auch in den Trockengebieten der Erde meist die schmackhaftesten Pflanzenarten aus und weiden sie ab. Wenn so weitere

Teile der spärlichen Pflanzendecke entfernt sind, verdunstet von dort das Oberflächenwasser rascher, das Kleinklima wird trokkener – eine Abwärtsspirale beginnt. Blanker Boden, der noch von den Hufen der Tiere verfestigt wird, kann sowohl vom Regen wie auch vom Wind leicht abgetragen werden. Diese Veränderungen machen wiederum die Bedingungen für ein weiteres Pflanzenwachstum problematischer. Immer weniger und häufig kaum noch wünschenswerte Pflanzen wachsen auf den so in Mitleidenschaft gezogenen Böden. Das erhöht wiederum den Weidedruck auf die noch übrig gebliebenen bevorzugten Weidepflanzen und so wird ein brauchbares Grünland langsam aber sicher zu einer Wüste.«[24]

Nach *Global 2000* muß damit gerechnet werden, daß die Wüsten bis zum Jahr 2000 mehr als das Dreifache der 7992000 Quadratkilometer, die sie 1977 bedeckt haben, beanspruchen. Einer der Hauptgründe für die rasche gegenwärtige Wüstenausbreitung ist die Überweidung.

Der Viehbestand der Erde hat gegenüber der Zeit von 1955 bis 1976 um 38% zugenommen. Ein Teil des Zuwachses an Rindern, Schafen und Ziegen hat in Ländern mit rasch expandierender Weidewirtschaft stattgefunden. In vielen Gegenden ist dabei die Zunahme des frei weidenden Viehbestandes weit über das hinausgegangen, was der Boden verkraften konnte. Das Ergebnis war vielerorts eine Minderung der Bodenproduktivität und sogar die Entstehung von Sandwüsten.

Es gibt hinreichend Grund zur Annahme, daß die Ausbreitung der Sahara in den letzten Jahrhunderten nach Süden bis in das Gebiet, das heute als Sahel-Zone bekannt ist, auf Überweidung zurückzuführen ist. In der Trockenperiode von 1968 bis 1973, die so lang und ernst war, daß viele Experten sogar einen Klimawechsel als Ursache vermuteten, fraßen die Rinder und Ziegen der überstark angewachsenen Nomadenvölker eigentlich alles ab, was aus der Bodenfläche herausragte. Die lange Trockenheit könnte durchaus eine normale zyklische Erscheinung gewesen sein, denn in den meisten Trockengebieten der Erde können sich die ältesten Bewohner daran erinnern, periodische Trockenheiten über mehrere Jahre erlebt zu haben. In der Sahel-Zone wurden die Folgen der langen Trockenheit jedoch eindeutig durch den Bevölkerungsdruck der Menschen und ihrer Tiere verstärkt.[25]

Die durch die Entfernung der Vegetation bedingte Reflexionszunahme in dieser Region hat schließlich dazu geführt, daß sich die ohnehin spärlichen Niederschläge noch weiter verringert haben. Vermutlich ist die Region eingebunden in einen sich eigendynamisch beschleunigenden Teufelskreis von Erosion, dadurch ausgelöster Reflexion mit wiederum rückwirkender, fortschreitender Erosion und dadurch wieder verursachter erhöhter Reflexion usw. Das Ergebnis ist nicht nur eine sich immer weiter nach Süden ausbreitende Wüste, sondern auch eine Klimaveränderung, von der man noch nicht weiß, ob sie auch Auswirkungen auf das gesamte planetarische Klimasystem haben wird.

In diesem Zusammenhang muß auch gesehen werden, daß das Problem der Bodenerosion keineswegs auf einzelne Gebiete der Erde beschränkt ist. Weltweit beläuft sich der jährliche Verlust an Ackerland durch Erosion und verwandte Probleme wie etwa die Versalzung, Akalisierung sowie durch Urbanisierung auf ca. 70000 Quadratkilometer, was der Fläche von Belgien und Holland zusammen oder dem US-Bundesstaat West-Virginia entspricht.[26] Ein derartiger Bodenverlust wird sich langfristig sehr wahrscheinlich nicht nur auf die Nahrungsmittelversorgung auswirken, sondern auch auf das Weltklima.

Gerade das Beispiel der Sahel-Zone veranschaulicht eindrucksvoll, daß die Zerstörung der Lebensräume der Arten zwar einerseits durch das momentane Lebensbedürfnis des Menschen ausgelöst wird, andererseits aber gleichzeitig zu einer langfristigen und existenzbedrohenden Zerstörung von Lebensräumen für den Menschen führt. Vor allem in sehr zerbrechlichen Lebensgefügen bedeutet daher der Schutz der Arten nicht zuletzt auch gleichzeitig Schutz für die Menschen.

Über 70 Prozent der Erdoberfläche sind mit Wasser bedeckt. Man könnte deshalb eher vom »Wasserplaneten« oder wie die Raumfahrer vom »blauen Planeten« sprechen als von der »Erde« oder dem »Erdball«.

Im Verhältnis zur Größe des Planeten sind die Meere nicht einmal so dick wie die Hülle einer Seifenblase. Wenn man eine Schicht blauer Farbe auf einem Globus normaler Größe aufmalt, um die Tiefe der Ozeane zu verdeutlichen, so ist es unmöglich, die Schicht dünn genug aufzutragen, um den richtigen Maßstab wiederzugeben.

Von diesem begrenzten Wasserreservoir stehen aber nur ca. 0,6 Prozent für Pflanzen, Tiere und den Menschen mit seinen weitgefächerten Bedürfnissen zur Verfügung. 97,2 Prozent der Gesamtwassermenge sind Salzwasser. Der übrige Süßwasseranteil ist überwiegend in Gebirgsgletschern und in massiven Eiszonen der Polargebiete eingefroren.

Das verbleibende wenige »freie« Süßwasser ist eingebunden in ein den ganzen Erdball umspannendes Kreislaufsystem und in ständiger Bewegung. Es fließt gleichsam ohne Anfang und ohne Ende, ohne mehr oder weniger zu werden. Vom Land läuft es in kleinen Rinnsalen, Bächen, Flüssen und in unterirdischen Grundwasserkanälen zum Meer. Dort wird es von den großen, die Ozeane umspannenden Meeresströmungen erfaßt und in ihren Bahnen weltweit verteilt.

Die Ökosysteme auf dem Land regulieren die Verteilung und Bevorratung des Süßwassers auf der Erde. Dies geschieht insbesondere durch ihre Einflußnahme auf das Klima. Andererseits ist die Wasserverteilung selbst wieder ein Faktor, der Wetter und Klima, Beschaffenheit des Bodens, Vegetation und damit die Ökosysteme wesentlich mitbestimmt.

Waldböden haben eine große Kapazität, Regenwasser zurückzuhalten. Sie geben das Niederschlagswasser nur langsam an das Grundwasser oder über Bäche und Rinnsale an Flüsse ab. Werden dagegen Waldgebiete gerodet, läuft das Regenwasser in Sturzbächen ab und schwemmt dabei wertvollen Boden weg.

Die Höhe des jährlichen Flutpegels am Amazonas in Iquitos (Peru) hat seit 1970 wahrscheinlich wegen der großflächigen Waldrodungen kontinuierlich zugenommen, was auf eine Veränderung des gesamten hydrologischen Zyklus der Region schließen läßt. »Die lange vorhergesagten klimatischen und hydrologischen Änderungen, die als Ergebnis der Entwaldungen Amazoniens erwartet werden, könnten bereits begonnen haben«, meinen die Autoren Gentry und Lopez-Parodi in ihrem Bericht, obwohl der größte Teil des Amazonasbeckens noch nicht gerodet ist. Die Folgen eines weiteren Anstiegs des Flutpegels könnten für die flußabwärts lebende Bevölkerung Amazoniens katastrophale Folgen haben.[27]

Der Fluß des Wasserkreislaufs wird heute neben den großflächigen Waldrodungen in allen Teilen der Welt durch vielfältige andere Eingriffe des Menschen beeinträchtigt. Flußregulierungen, die die Abflußgeschwindigkeit des Wassers erheblich erhöhen, Trockenlegungen von Feuchtgebieten, Bodenversiegelungen durch Bebauung und Asphaltierung, zu starke Grundwasserentnahmen, Tiefbohrungen, Ölteppiche auf den Meeren tragen dazu bei, daß der Kreislauf des Wassers immer tiefgreifender gestört wird.

Damit wird nicht nur eine drohende Verknappung und Verteuerung des uns so selbstverständlich erscheinenden »reinen« Wassers absehbar. Vielmehr wirken sich diese Eingriffe auch verändernd auf unsere Umwelt aus. Sie sind die Ursache für:
- Grundwasserabsenkungen und die dadurch bedingten Veränderungen der Flora unserer Ökosysteme
- Bodenerosionen mit den dadurch hervorgerufenen Reflexionsveränderungen
- Versteppungen und Wüstenausbreitungen
- Klimaveränderungen.

Stark vereinfacht und auf nur eine Dimension wechselseitiger Abhängigkeiten verkürzt könnte man die vielfältigen Beziehungen der Arten zueinander und in ihrer Vernetzung mit ihrer Umwelt (Boden, Standort, Wetter, Klima, Gezeiten) mit einem gewaltigen Haus aus Spielkarten - wie wir es in Kindertagen gebaut haben - vergleichen. Ähnlich wie jede Art in einem Ökosystem leistet jede Karte in einem solchen Kartenhaus an ihrem Platz ihren speziellen Beitrag zur inneren Stabilität und Festigkeit des Gesamtgebäudes.

Nun lassen sich aus dem Kartenhaus an ganz verschiedenen Stellen und mit aller Vorsicht durchaus einzelne Karten herausziehen, ohne daß das Gebäude in sich zusammenbricht. Mit jeder fehlenden Karte (Art!) aber verliert das Haus an Festigkeit. Zieht man zu viele oder die falschen Karten (Arten) heraus, können ganze Teilsysteme des Gebäudes einstürzen, und im ungünstigsten Falle fällt das Kartenhaus vollständig in sich zusammen.

Das Kartenhausmodell veranschaulicht weiterhin, daß diejenigen Karten (Arten), die die Spitze des Gebäudes bilden (Endglieder von Nahrungsketten, hochentwickelte Säuger, Mensch), weit mehr in der Gefahr sind herunterzustürzen als diejenigen, die als Fundament dienen.

Aus dem »Gebäude der Natur« werden bis zum Jahr 2000 rund ein Fünftel aller Arten »herausgezogen« - ausgerottet - sein. Allein schon wegen dieser unvorstellbaren Menge von Arten müssen wir damit rechnen, daß dadurch ganze Teilökosysteme oder sogar das globale Ökosystem unseres Planeten völlig zerstört werden können. Es wäre verantwortungslos, die möglichen Folgen solcher Veränderungen der Natursysteme für die menschliche Zukunft nicht mit einzukalkulieren, selbst wenn man in Rechnung stellen muß, daß die meisten unserer Ökosysteme nicht so einfach und zerbrechlich konstruiert sind wie ein Kartenhaus, sondern mit einer Reihe von Selbststabilisierungsmechanismen und korrigierenden Sicherungen ausgestattet sind.

Mahnende Beispiele für ganz verschiedene Formen ökologischen Fall-outs gibt es genügende, zumindest für denjenigen, der sich den geschichtlichen Erfahrungen nicht verschließt. Schon auf vielen Inseln der Erde ist allein durch die Einfuhr von Ziegen, Schafen, Katzen und Hunden oder das Einschleppen von Ratten, Bakterien und Viren das Gleichgewicht von Flora und Fauna bis zum völligen Zusammenbruch ihrer isolierten Ökosysteme gestört worden.

Die kleine Atlantikinsel Sankt Helena war vor ihrer Entdeckung 1502 durch die Portugiesen stark bewaldet. Nach dem Holzschlag durch die Siedler jedoch folgten die Ziegen, die die jungen Baumsprosse fraßen und damit ein Nachforsten auf der Insel verhinderten. So wurden im vergangenen Jahrhundert weite Teile des Eilands in eine Felsenwüste verwandelt. Auch auf der Insel Santa Catalina vor Kalifornien trugen die Ziegen zur Vernichtung von 84 einheimischen Pflanzen bei, und mit der Ausrottung der Pflanzen verschwanden schließlich auch die von ihnen abhängigen oder mit ihnen vergesellschafteten Tiere. Ziegen zerstören gegenwärtig - gemeinsam mit Rindern, Schweinen, Hunden und Katzen Fauna und Flora der Galapagosinseln.[28]

Die Insel Madagaskar vor der Ostküste Afrikas hält einen traurigen Rekord: »Über 50 Tierarten sind hier durch den Menschen ausgerottet worden. Keine andere tropische Insel ist ökologisch so ruiniert worden. Fast 90 Prozent der Waldbestände wurden niedergebrannt und vernichtet. Über 90 Prozent der Landfläche sind durch Bodenerosion schwer geschädigt und ausgezehrt. Durch Erosion werden jedes Jahr pro Quadratkilometer über 2000 Tonnen Bodenmaterial abgeschwemmt und vom Wind abgetragen. In Madagaskar wächst die Bevölkerung überdurchschnittlich um etwa 3,4 Prozent im Jahr.

Gemessen an der Bevölkerung hat die Insel den größten Viehbestand in Afrika. Nur 0,8 Prozent der Inselfläche bestehen aus Nationalparks und Schutzgebieten für die Tier- und Pflanzenwelt. Die grüne Tropeninsel wird zur roten Wüste.«[29]

Der amerikanische Zoologe Stanley Temple nennt die Insel Mauritius ein »verlorenes Paradies«. Durch die Einfuhr der klassischen Zivilisationsarten Katzen, Schweine und Ratten wurde die heimische Fauna nahezu ausgerottet. Schildkröten, Echsen und die Hälfte aller Vogelarten sind ausgestorben, darunter auch der bereits erwähnte Dodo. »Nur noch zwei Prozent der Insel werden von Wäldern eingenommen. Monokulturen, Bodenerosion und Entwaldung haben die Insel ökologisch erschöpft. Neben Katzen, Schweinen und Ratten wurden sogar zwei Affenarten aus Südasien auf die Insel eingeschleppt, außerdem wurden Sambur-Hirsche eingebürgert. Die Fauna hat sich total verändert, nur mühsam hält sich ein fragiles Ökosystem. Eine ökologische Belastung sind auch die 75 000 Touristen, die jährlich in Mauritius einfliegen.«[30]

Das wohl erschreckendste Beispiel ökologischer Zerstörung beschreibt Willy Lützenkirchen am Ende seines hier zitierten Artikels mit dem Bericht über die Insel Juan de Nova, einem Rest der früheren Landverbindung von Afrika nach Madagaskar:

»Auf der Insel leben 50 000 verwilderte Hunde, deren Stammeltern von Schiffsbesatzungen ausgesetzt worden waren. Diese haben sich auf der Insel explosionsartig vermehrt und alle übrigen Lebewesen der ursprünglichen Fauna fast vollständig ausgerottet. Sie ernähren sich von Seevögeln, Schildkröten, Echsen, wilden Katzen, Ratten und Schweinen oder fallen Artgenossen an. ›Die Hunde regieren die Insel. Sie haben jedem anderen Lebewesen den Krieg erklärt. Sie haben Seeleute und Guanosucher in die Flucht geschlagen. Forscher und Schiffbrüchige können die Insel nur mit dem Gewehr betreten‹, schreibt der südafrikanische Forscher Lawrence Green. Hinter Mangroven, Palmen und Grasdickicht verbirgt sich ein ökologischer Alptraum. Wilde Hunde haben auf der Insel die Macht übernommen. Sie haben das übrige Leben fast vernichtet. Aus dem tropischen Inselparadies ist eine wahnwitzige Welt der Bestien geworden.«[31]

Die Kette der durch Eingriffe der Zivilisation ausgelösten ökologischen Katastrophen im kleinen Maßstab auf unzähligen Inseln um den ganzen Erdball könnte beinahe endlos fortgesetzt werden. Fast immer vollzog sie sich nach dem gleichen verhängnisvollen Schema: Waldvernichtung, Zerstörung der ursprünglichen Flora und Fauna durch Einschleppen fremder Arten, Bodenverwüstung durch Erosion, Monokultur und landwirtschaftliche Übernutzung, Bevölkerungswachstum. Und so fort . . .

Und die Zerstörung vieler endemischer, d. h. inseltypischer, und daher besonders anfälliger Ökosysteme auf den noch verbliebenen Inselparadiesen geht weiter; in neuerer Zeit auch noch nach einem moderneren, aber konsequent durchgehaltenen Verlaufsmuster:

Zuerst entdecken Forscher, Photojäger, Alternativurlauber, Einhandsegler und Pseudoaussteiger die »letzten Paradiese« der Erde und berichten darüber mit schillernden Photoserien in den Magazinen der Industrienationen - meist um sich das »Abenteuer« finanzieren zu können. Clevere Tourismusmanager werden aufmerksam, wittern neue Märkte zunächst für Exklusivurlauber und später für jedermann. Gigantische Hotelketten entstehen in den letzten verlassenen Naturrefugien der Erde, und nur in wenigen Jahrzehnten verschwinden Tausende von einzigartigen Schöpfungen der Evolution von Neugierde gekillt und unter Bergen von Zivilisationsmüll. Jahrtausendealte isolierte und deshalb meist vom Glück gesegnete Menschheitskulturen geraten in den Sog unserer Zivilisation, zerstören sich selbst und verkommen in Arbeitslosigkeit, Armut und Elend, um der Zivilisation des weißen Mannes oft nur für kurze Zeit eine neue Spielart von Erholung und Kurzweil zu erschließen (Kanarische Inseln, Seychellen, Hawaii, Malediven usw.). Was am Ende zurückbleibt, sind verwüstete Eilande, den Schutthalden in der Nähe unserer Städte vergleichbar.

Die verschiedensten Zerstörungsprozesse der Ökosysteme auf vielen Inseln der Erde verdienen unsere ganze Aufmerksamkeit. Schließlich könnte ein ähnliches Schicksal in naher Zukunft auch den Kontinenten und sogar dem Planeten drohen. Entsprechende Entwicklungen sind längst erkennbar (Sahel-Zone, Rodung der tropischen Regenwälder, globale Meeresverschmutzung, landwirtschaftliche Übernutzung durch Intensivbewirtschaftung in Europa und Nordamerika usw.), ohne daß die zwingend erforderlichen und auch schnellstmöglich gebotenen Verhaltensänderungen des

Menschen absehbar wären. Profitgier - so die alte und ewig neue Formel - verstellt ihm jede Lernfähigkeit. Schnelles Geld und schnelle Siege scheinen ihm abenteuerlicher und wichtiger zu sein als der immergrüne Garten Eden. - Die Punischen Kriege - sie toben noch immer! Es scheint, als hätte sich nichts geändert.

Was sich verändert hat, sind die Dimensionen. Das aber hat verhängnisvolle Auswirkungen: Während die Römer - begrenzt durch ihre technischen Möglichkeiten - zur Zeit der Punischen Kriege nämlich nur einen Teil ihres Landes verwüsten konnten, zerstört unsere Zeit im Weltmaßstab.

Keine Menschheitsgeneration der Geschichte konnte die Welt so tiefgreifend und vor allem so nachhaltig verändern, wie dies die Generationen der zweiten Hälfte unseres Jahrhunderts tun. Fast alle vorausgegangenen, selbst noch so unfaßbaren Wahnsinnstaten der Menschheit berührten hauptsächlich intraspezifische Belange der Spezies Homo sapiens und blieben in ihren Auswirkungen im wesentlichen auf sie beschränkt.

Das gegenwärtige weltweite Artensterben, die globale Umweltzerstörung, die Bevölkerungsexplosion und die wahnwitzige Verelendung des größeren Teils der Menschheit in der Dritten Welt zugunsten unseres Überflusses lassen neue Dimensionen sichtbar werden:

Im Trubel unserer alltäglichen, »furchtbar wichtigen« Lebensbesorgungen und im Jagen nach Fortschritt, Wohlstand, zivilisierten Lebensformen, Vollbeschäftigung, Geldwertstabilität, Wirtschaftswachstum haben wir - sehr arbeitsam, elaboriert und trickreich und unter beispielhaftem Einsatz all des Wissens, das vorausgegangene Generationen angehäuft haben - ein unglaublich schreckliches, herzloses und zynisches Werk der Welt- und Menschheitszerstörung angerichtet, das jede bisher dagewesene Menschheitskatastrophe in den Schatten stellt. In eben dieser Generation zu leben, zu lieben und zu arbeiten, kann gewiß niemanden mit Stolz erfüllen, es sei denn, er vernebelt sich den Blick mit dem Opium unserer Zeit: Freizeitstreß, Sport, Reisen, Statusstreben, olympisches Weltspektakel oder sonstigem Firlefanz der Moderne.

Die Tatsache jedenfalls, daß viele, viele Menschen die wirkliche Lage der Menschheit und unseres Planeten überhaupt nicht wahrnehmen, hat ohne Zweifel Methode. Auch Noah baute viele Jahre an der Arche. »Allein die Menschen achteten nicht darauf, sie aßen und tranken und hielten Hochzeiten.«

Sechstes Kapitel

Ist eine Umkehr noch möglich?

> Es war der Wille des Schöpfers, daß der Mensch der Natur als besonnener und weiser Hüter und nicht als Ausbeuter und skrupelloser Zerstörer gegenübertritt.
>
> *Papst Johannes Paul II.*

Der Zustand unserer Mutter Erde ist außerordentlich ernst. Die Frage, ob es überhaupt noch Hoffnung gibt, kann so ohne weiteres nicht bejaht werden. Es sei denn, man tut es - wie die meisten unserer Politiker - aus blindem Zukunftsoptimismus und ohne die Realitäten in die Betrachtung einzubeziehen.

Die beinahe ratlose Frage nach Heilungsmöglichkeiten drängt sich jedem auf. Nirgendwo in öffentlichen Vorträgen zur Ökologieproblematik ist die Aufmerksamkeit so groß, sind die Diskussionen so lebhaft und die Meinungen so kontrovers - und nirgendwo ist am Ende die Enttäuschung so tief. Warum?

Trotz des großen Interesses an der grundsätzlichen Frage nach Alternativen ist die Bereitschaft, mögliche und unverzichtbar nötige Wege aus der ökologischen Krise unserer Zeit unvoreingenommen zu diskutieren, sehr gering, das jedenfalls ist der Erfahrungsertrag aus zahllosen öffentlichen Vorträgen. Die für die Suche nach Veränderungen unerläßliche Offenheit im Denken hat sich nämlich - so scheint es - in zu vielen Sonderinteressen und verengten, kurzzeitigen Zielsetzungen verfangen. Dies gilt für den Bereich der politischen Auseinandersetzung ebenso wie für die Orientierung in kirchlichen, universitären oder mit der Volksbildung beauftragten Organisationen und vielfach auch für die Diskussion in Institutionen von Wissenschaft, Pädagogik, Wirtschaft, Industrie oder Forschung.

Zwar bemüht man sich überall und auf allen Ebenen um Lösungen. Aber das, was man darunter verstehen möchte, scheint leider zu oft in einer Art unausgesprochener Übereinkunft schon im voraus eingegrenzt zu sein. So haben Lösungsvorschläge, wenn sie überhaupt ernsthaft diskutabel sein sollen, in aller Regel bestimmten Rahmenansprüchen zu genügen. Sie dürfen u. a.:

- keine Veränderungen in den eingefahrenen Verhaltensweisen und Gewohnheiten des einzelnen beinhalten
- keinerlei Verzicht auf Konsum- und Luxusgüter postulieren oder dem einzelnen zusätzliche Kosten verursachen
- keine Einschränkungen unseres Lebens-, Arbeits- und Freizeitstils fordern und keinerlei Sparsamkeit mit Energie, Nahrungsmitteln, Ressourcen und Rohstoffen auferlegen
- keine Gefährdungen darstellen für stetiges Wirtschaftswachstum, Vollbeschäftigung, Geldwertstabilität, weltweiten Tourismus, individuelle Mobilität

und

- keine unter den Industrienationen - schon gar nicht die europäischen - mehr belasten als andere. Untragbare Lasten können allenfalls den Nationen der Dritten Welt auferlegt werden.

Außerdem müssen Lösungen, wenn sie akzeptabel sein sollen, unmittelbar, schnell und für jedermann sichtbar greifen, im Aufgabenbereich der Administration von den Experten erledigt werden können und im Gefüge unserer Gefälligkeitsdemokratien nach innen und außen gut verkäuflich sein.

Genügen Lösungsmodelle diesen Ansprüchen nicht, werden sie meist augenblicklich in den Bereich der Realitätsferne gerückt und zu einer Angelegenheit von weltfremden Träumern, Spinnern und Weltverbesserern gestempelt.

Und in der Tat gibt es eine beachtliche Anzahl von wichtigen Teillösungswegen, die den genannten Kriterien durchaus gerecht werden. Ihre Realisierung scheitert nicht selten lediglich an der noch fehlenden Einsicht und am mangelnden ökologischen Sachverstand der breiten Öffentlichkeit. Insbesondere die Umweltministerien verfolgen, eingebunden in die größeren politischen Konzeptionen unserer Gesellschaft, diese Art von Lösungswegen.

Sich allerdings nur mit solchen Modellen auseinanderzusetzen, lohnte die Mühe dieses letzten und wichtigsten Kapitels nicht, es wäre überflüssig. Will man nämlich die Gesamtheit der Probleme des weltweiten Artensterbens angehen und schnellstmöglich nennenswerte Beiträge zur bisher noch kaum spürbaren und für viele daher eben nur »herbeigeredeten« ökologischen Krise leisten, so bleibt es unerläßlich, sich über bestehende Tabus, traditionelle Rituale, gesellschaftliche Widerstände und wie auch immer gerechtfertigte politische Vorbehalte hinwegzusetzen und alle sich bietenden Wege ohne Rücksicht auf irgendwelche Rahmenvoraussetzungen unvoreingenommen zu diskutieren.

Und noch eine weitere Frage bedarf der Vorausklärung: Wenn man über Lösungen zur Bewältigung der Zukunft der Menschheit nachdenken möchte, muß man sich selbst vorher darüber Klarheit verschaffen, welche Zukunft man im Blick haben möchte: die nächsten 20 oder 50 Jahre, die nächsten zwei Generationen oder eine möglichst intakte Welt für eine nicht endlich begrenzte Zeit.

Unsere gegenwärtigen landwirtschaftlichen Produktionsformen in Europa und Nordamerika beispielsweise mögen für die nächsten zwanzig Jahre durchaus noch beibehalten werden können, ohne daß große strukturelle Wandlungen nötig würden. Es erscheint aber kaum wahrscheinlich, daß sie ohne schwerwiegende ökologische Schädigungen unserer Umwelt noch 50 oder 100 Jahre fortgesetzt werden können. Auch hier zeichnen sich ja vereinzelt Veränderungen bereits ab.

Die nachfolgend erörterten Probleme zielen eher auf Lösungswege, die die Arten auf Dauer erhalten sollen, wenngleich es vereinzelt gewiß auch wichtig ist, Lösungen im Blick zu haben, die eine Art eben wenigstens in die nächste Generation hinüberretten können, weil sich für uns noch keine anderen Möglichkeiten ergeben. Auch der Artenschutz ist - wie beispielsweise auch die »friedliche« Nutzung der Kernenergie - in vieler Hinsicht auf Konzeptionen, Modelle und Erfindungen angewiesen, die spätere Generationen erst noch hervorbringen müssen.

Wenngleich Zoos und botanische Gärten ursprünglich lediglich als Anschauungsfelder für exotische »Naturwunder« geschaffen wurden, fiel ihnen schon sehr früh und unbeabsichtigt die zusätzliche Aufgabe der Erhaltung gefährdeter Tier- und Pflanzenarten zu. Vor allem für den »Mann auf der Straße« stellt sich der Auftrag zur Arterhaltung in einem derartig isolierten Schonbereich im allgemeinen auch wesentlich einfacher dar, als er sich in der Praxis erweist. Möglicherweise geht die gängige, simple Vorstellung, man könne Arten jederzeit wieder reproduzieren, solange wenigstens noch die Minipopulation eines männlichen und eines weiblichen Exemplares vorhanden ist, auf die meist nicht ganz richtig wiedergegebene Geschichte von der Arche Noah zurück. Schon im Bild der Bibel nämlich wurde der Vorgang differenzierter gesehen. Immerhin hatte Noah den göttlichen Auftrag, von den reinen Tieren (Pflanzenfresser) sieben Paare und von den unreinen (Fleischfresser) je ein Paar mit in die Arche zu nehmen, und nicht einfach nur ein Paar von jeder Art, wie man es in vielen nachgestalteten Geschichten lesen kann.

Tatsächlich bedürfen die Möglichkeiten und Grenzen der Arterhaltung in Zoos und botanischen Gärten einer sehr sorgfältigen und realistischen Abwägung. Falscher Optimismus nämlich bringt die Gefahr mit sich, den Blick für die Notwendigkeit weitergehender Schutzmaßnahmen zu verstellen.

Der Aufgabenbereich von Tiergärten hat sich gerade in den letzten Jahrzehnten stark verschoben. Traditionell waren Tiergärten um die Erfüllung eines Bildungsauftrages bemüht. Sie stellten Tiere aus fremden Kontinenten und Lebensräumen zu Lehr- und Unterrichtszwecken, zwangsläufig auch aus ökonomischen Gründen und schließlich zur Kurzweil und Unterhaltung eines breiten Publikums zur Schau. Heimische Tierarten fehlten in früheren Jahren fast vollkommen, während eine möglichst große Palette sogenannter Exoten wichtige Attraktion und der Stolz eines jeden Zoos waren. Erst nach und nach hat sich die zweite und heute viel wichtigere Aufgabe ergeben, durch Züchtung, Rückzüchtung und Neuerrichtung von überlebensfähigen Populationen zur Arterhaltung beizutragen.

So ist beispielsweise ein großes Tier, das einst in der freien Wildbahn ausgelöscht war, gerade erst aus Zoobeständen wieder ausgesetzt worden. Es handelt sich um den arabischen Spießbock, eine kleine, fast vollkommen weiße Antilope mit langen, geraden Hörnern, die seit biblischen Zeiten bekannt ist. Der Spießbock war fast überall im Nahen Osten verbreitet. Um die Mitte des letzten Jahrhunderts begannen die Populationen im nördlichen Teil seines Areals infolge intensivierter und mit modernen Waffen betriebener Jagd auszusterben. Die letzten beschriebenen Spuren des Spießbocks wurden 1954 in der Mafud-Wüste im nördlichen Saudi-Arabien festgestellt, und die endgültig letzten Überlebenden im südlichen Teilareal scheinen in den siebziger Jahren vernichtet worden zu sein. Glücklicherweise war damit der Spießbock nicht von der Erde verschwunden. In drei amerikanischen Institutionen befanden sich noch vierundsechzig Tiere und in Zoos und bei Privatleuten im Nahen Osten noch weitere fünfunddreißig. Aus diesem Grundstock gelang eine Aufzucht in Gefangenschaft, und 1978 und 1979 konnten jeweils vier Tiere in ein jordanisches Reservat zurückgebracht werden. Das Programm soll fortgesetzt werden, wenngleich nicht als absolut sicher angenommen werden kann, daß die Wiedereinbürgerung Erfolg haben wird.[1]

So einfach wie im Falle des Spießbocks liegen die Dinge allerdings höchst selten. Viele Arten vermehren sich in Gefangenschaft überhaupt nicht (Fledermäuse), andere nur ausnahmsweise und mit erheblichen Schwierigkeiten (Wale).

Die Überlebensaussichten für Tierarten in Zoos hängen von recht unterschiedlichen genspezifischen Voraussetzungen ab. So ist die Aufrechterhaltung einer ausreichenden genetischen Diversität insbesondere bei sich geschlechtlich vermehrenden Organismen in Gefangenschaft sehr schwierig. Bei einer Gefangenschaftspopulation von hundert oder mehr Tieren muß außerdem mindestens die Hälfte bereits in Gefangenschaft geboren sein, um eine ausreichende Vermehrungsquote erreichen zu können und um eine halbwegs gesicherte Überlebensfähigkeit der wiederhergestellten Population zu gewährleisten.

In ihrer Heimat war die Hawaii-Gans bis 1943 auf nur 43 Exemplare dezimiert worden. Die überlebenden Tiere wurden im *Wildfowl Trust* in England wieder vermehrt, bis schließlich eine für die Bildung einer neuen Population ausreichende Anzahl wieder in der Stammheimat ausgewildert werden konnte. Der in Freiheit lebende Bestand hat sich zwar auf über 3000 Tiere vermehrt, jedoch zeigen heute die Männchen eine hohe Unfruchtbarkeitsrate, die auf Inzucht zurückzuführen ist. Dies bestätigt die Richtigkeit der bisher angenommenen Faustregel, daß eine zu geringe Restpopulation nicht mehr die genetische Vielfalt aufbringen kann, die zu einer plastischen Umweltanpassung notwendig ist.[2]

1971 wurde geschätzt, daß nur acht Säugerarten die Fortpflanzungskriterien zur Weiterzucht im Zoo erfüllten. Es waren dies der sibirische Tiger, das Przewalskipferd, der asiatische Wildesel, der Sikahirsch, der Davidshirsch, das Wisent, die Säbelantilope und die Mendelsantilope. In diese Liste müssen noch der Mongozmaki, ein auf Bäumen lebender Primat von Madagaskar und anderen Inseln des Indischen Ozeans und der arabische Spießbock aufgenommen werden.[3]

Nach dem heutigen Wissensstand hat sich die Zahl der in Zoos erhaltungsfähigen Tierarten zwar erheblich erhöht, insgesamt aber und vor allem im Verhältnis zur Zahl der gefährdeten Arten sind unsere Möglichkeiten auf diesem Gebiet immer noch sehr eng begrenzt. »Es wurde geschätzt, daß die heutigen Zoos in den Vereinigten Staaten vielleicht maximal hundert Säugerarten erfolgreich erhalten können (von mehr als viertausend weltweit existierenden Arten), jede davon mit einer Population von hundertfünfzig Individuen, um so eine Ausrottung durch einen Unfall oder den Verlust der genetischen Variabilität zu vermeiden.«[4]

Weiterhin darf nicht übersehen werden, daß die in Zoos erhaltenen Arten meist nicht ohne Domestikationsveränderungen – Artveränderungen, die durch das Leben in Gefangenschaft entstehen - gezüchtet werden können; vor allem wenn eine Auswilderung der Art wegen verlorengegangener Lebensräume nicht mehr möglich ist. So sind die über Generationen in Gefangenschaft gezüchteten Elefanten oder sibirischen Tiger in Aussehen, Verhalten und Überlebensfähigkeit aus eigenem Antrieb längst nicht mehr mit ihren Ursprungsarten identisch. Die Anpassungen an das Leben in Gefangenschaft bedingen häufig Veränderungen, die die Art zu einem lebenden Fossil der Ursprungsart werden lassen.

Die Arterhaltung im Zoo verursacht überdies in aller Regel so hohe Kosten, daß dieser Weg nur als Notbremse in extremen Fällen sinnvoll erscheint.

Im Detail sind die Probleme, die mit der Erhaltung einer Art im Tierpark verbunden sind, so vielschichtig, schwierig und risikoreich, daß man die Arterhaltung ausschließlich auf diesem Wege und ohne begleitende Freilandprogramme vielfach nur als verzögertes Aussterben betrachten muß.

Wie problematisch das Überleben von Arten in Zoos sein kann, veranschaulicht besonders eindrucksvoll die tragische Überlebensgeschichte des Davidhirsches: Vor Tausenden von Jahren lebte in den Sümpfen des Flachlandes von Nordchina ein sehr ungewöhnlicher Hirsch mit einem lohfarbenen Fell. Lange vor der Zeitwende war in dieser historischen Zivilisation die Biotopzerstörung bereits weit fortgeschritten. Als während der Dschang-Dynastie (1766–1122 v. Chr.) die Chihli-Ebene kultiviert wurde, wurden die Sümpfe, in denen die Hirsche lebten, ausgetrocknet, so daß die Tiere in freier Natur nicht mehr existieren konnten.

1865 gelang es dem bekannten französischen Naturforscher und Missionar Abbé Armand David, über die Mauern des streng bewachten kaiserlichen Jagdparks südlich von Peking zu schauen. Er sah dort eine Herde eines einzigartigen, der Wissenschaft bislang unbekannten Hirsches. Dieser hatte ungewöhnlich breite Hufe, einen längeren Schwanz als andere Hirsche und in seinem Geweih verzweigte Rüdesprossen. Es handelte sich um eine Art, die ehemals in der Chihli-Ebene verbreitet gewesen war. In Gefangenschaft hatte sie im Wildpark dreitausend Jahre überlebt.

Einige Individuen des Davidhirsches kamen später auch in westliche Zoos, wo sie vermehrt und weiterverteilt wurden. Im Jahre 1892 trat unglücklicherweise der Hun-Ho-Fluß über seine Ufer, und seine Wasser rissen einen Teil der 59 Kilometer langen Ziegelmauer ein, die den kaiserlichen Jagdpark umschloß. Die meisten Hirsche entkamen und wurden von hungernden Bauern erlegt und aufgegessen. Während des Boxeraufstandes wurden Reste der Herde abgeschossen, und bis 1921 waren alle Hirsche in China erlegt.

Der Herzog von Bedford entschloß sich 1900 auf seinem Gut in England eine neue Herde aufzubauen. Nachkommenschaft wurde auch in den Zoos verschiedener westlicher Länder gezüchtet. 1964 konnte der Londoner Zoo vier Tiere nach China zurücksenden, wo sie nach fünfzig Jahren Abwesenheit wieder Bewohner des Pekinger Zoos wurden.[4]

Im Vergleich zu den Problemen der Arterhaltung von Tieren ist es relativ einfach, einen genetischen Bestand von Pflanzenarten an einem künstlichen Standort weit weg vom natürlichen Lebensraum zu erhalten. So können in botanischen Gärten Hunderte von Pflanzenarten auf verhältnismäßig engem Raum gehalten werden. Allerdings besteht auch hier das Problem, daß diese Arten unter Umständen nicht mehr in ihr ursprüngliches Ökosystem eingefügt werden können, weil ihnen wesentliche Anpassungsveränderungen an die sich wandelnden Verhältnisse in diesem System durch das Leben über Generationen im isolierten Schonraum erspart waren. Artenkonservierung in einer naturentfremdeten Form bedeutet immer gleichzeitig auch eine Naturentfremdung der betroffenen Art.

Ein anderes Problem liegt darin, daß von den 458 botanischen Gärten der Welt nur 82 in den Entwicklungsländern liegen, in denen die Bestände an tropischen Arten am reichhaltigsten sind.[5]

Eine weitere Methode der Artenerhaltung wird heute in der Öffentlichkeit als höchst praktikabel und hoffnungsvoll angesehen: die Genbank. Sie ermöglicht eine sehr konzentrierte und platzsparende Form der Artenkonservierung im eigentlichsten Sinne dieses Wortes.

Die Samen sehr vieler Pflanzenarten können bei einer Luftfeuchtigkeit von 5 Prozent und einer Temperatur von minus 20 Grad Celsius ohne irgendwelche bisher bekannten Schädigungen des Genpotentials über lange Zeiträume aufbewahrt werden. Dadurch wird es möglich, in einem Institut auf sehr kleinem Raum Tausende von Pflanzenarten durch Samenkonservierung zu erhalten. Das *National Seed Storage Laboratory* des amerikanischen Landwirtschaftsministeriums in Fort Collins, Colorado, verfügt bereits über eine Einlage von 1310 Pflanzenarten.[6] Ähnliche Mengen dürften auch die Genbanken der Staaten Westeuropas eingelagert haben.

Unzweifelhaft kommt den Genbanken innerhalb gewisser Grenzen eine wachsende Bedeutung für die Artenkonservierung zu. Für zahlreiche Pflanzenarten sind sie gegenwärtig die letzte Chance, möglicherweise doch noch zu überleben. Allerdings darf man den Stellenwert solcher Banken nicht überschätzen. Bei einer Reihe von sich vegetativ vermehrenden Pflanzen, wie beispielsweise verschiedenen Orchideen- oder einzelnen Baumarten (Eiche und Pappel) ist diese Form der Konservierung nämlich nicht anwendbar, und bei vielen anderen Arten läßt sich die Methode nur mit erheblichen biotechnischen Hindernissen einsetzen. Insbesondere viele tropische Pflanzenarten bereiten bisher noch unüberwindbare Probleme. Den Samen des Kakaobaumes zum Beispiel kann man nur mit großen Schwierigkeiten außerhalb der Natur aufbewahren.[7]

Darüber hinaus sind Genbanken gegen Ausfälle in den Lager- und Kühlsystemen nicht absolut zu schützen. Technische Störungen, menschliche Irrtümer und Zerstörungen durch Einwirkungen von außen (Brände, Flugzeugabstürze, Anschläge, kriegerische Einwirkungen usw.) lassen sich nicht vollkommen ausschließen. Wenn man die Erhaltung der konservierten Arten nicht nur für einige Jahrzehnte, sondern für alle Zukunft der Menschheitsgeschichte im Blick hat, dann erscheint es sehr unwahrscheinlich, daß dies mit Hilfe derartig hochspezialisierter, störanfälliger, wartungsbedürftiger technischer Anlagen gelingen könnte.

Das eigentliche Problem aber liegt in einem biologischen Risiko: Durch die Einlagerung in einer Genbank wird der betroffenen Art die Möglichkeit der Anpassung an sich wandelnde Umweltbedingungen genommen. Die Umweltverhältnisse der Lebewesen verändern sich – auch ohne menschliche Einflüsse auf die Ökosysteme – innerhalb geringer Grenzen ständig (Luftfeuchtigkeit, Wasserqualität, Feindpopulationen und Feindstrategien, Veränderungen im Kleinklima usw.). Die Lebewesen sind deshalb von Natur aus in der Lage, sich in Generationsschritten durch Selektion in der Fortpflanzung und über genetische Regulative – wie zum Beispiel Mutationen – ständig diesen Wandlungen anzupassen. Selbst viele gravierende, vom Menschen verursachte Zivilisationsveränderungen in den Umweltverhältnissen können die Arten meist nur bis zu einem gewissen Grad, oft aber in erstaunlichem Maße, durch derartige Anpassungsprozesse kompensieren.

Wenn Pflanzen bzw. deren Samen unter Kühlhausbedingungen über lange Zeiträume außerhalb ihres Ökosystems »überlebt« werden, bleibt ihre Evolution während dieser Zeit ausgesetzt. Ihre Freßfeinde, Insekten und Krankheitserreger hingegen, die diese Arten an ihrem natürlichen Standort bedrohen, mit denen sie sich also ständig auseinanderzusetzen haben, entwickeln sich weiter und bilden geringfügig veränderte Gifte oder gewandelte Angriffs- und Befallsmethoden. Dagegen können die Pflanzen während ihrer isolierten Schonzeit im Kühlhaus keine angemessenen Gegenstrategien und Verteidigungsmechanismen entwickeln. Bei einer Auswilderung nach mehreren Generationen kann es sich daher – ähnlich wie bei zoogeborenen Tieren – erweisen, daß die Pflanzen nicht mehr überlebensfähig sind. Sie haben gewissermaßen den Anschluß an ihre eigene Evolution verpaßt.

Zoos, botanische Gärten und Genbanken sind aus den genannten Gründen nur kurzzeitig effektive Möglichkeiten der Artenerhaltung und allenfalls eine Maßnahme für den Notfall. Da sie ihre Funktion vielfach nur parallel zu Artenerhaltungsprogrammen in den ursprünglichen Lebensräumen der Arten erfüllen können, müssen sie als Randinstrumente des Artenschutzes gesehen werden, ohne daß damit ihre Bedeutung herabgemindert werden soll.

Reservate, Nationalparks, Schutzgebiete

Eine bedeutende Schwierigkeit der Artenerhaltung in Zoos, botanischen Gärten und Genbanken liegt darin, daß es häufig nur schwer möglich ist, die dort isoliert und künstlich bewahrten Arten wieder so in die freie Natur auszusetzen, daß sie sich hier erneut zu einem ausbalancierten Ökosystem zusammenfügen können. Dazu sind Ökosysteme zu komplex und für uns noch zu wenig durchschaubar. Wir Menschen werden vermutlich nie in der Lage sein, einmal zerstörte natürliche Systeme vollständig und funktionstüchtig zu rekonstruieren, gewissermaßen aus der Retorte neu zu schaffen. Dies kann allein deswegen nicht gelingen, weil die meisten Ökosysteme zu viele Lebewesen enthalten, von deren Existenz wir noch gar nichts wissen, ganz abgesehen von der Schwierigkeit, daß sich Lebewesen nicht einfach zusammenmischen lassen wie Zutaten zu einem Kuchen, selbst wenn uns die richtigen Mischungsverhältnisse bekannt wären.

Die bloße Erhaltung der einzelnen Arten bleibt also von nur geringem Nutzen, solange wir nicht zugleich auch die Ökosysteme erhalten, in die sie eingebunden sind. Der entscheidende Weg für den Schutz der Arten ist ihr Schutz in ihren natürlichen Lebensräumen. Auf diese Weise werden zugleich auch - wie schon erwähnt - viele andere Arten gerettet, von deren Existenz wir bisher noch nichts wissen.

Ein sehr bedeutender Schritt zum Schutz der komplexen Ökosysteme der Erde ist die Ausweisung beziehungsweise Neuanlage von Naturparks, Reservaten und Naturschutzgebieten. Insbesondere in den letzten Jahrzehnten haben sich viele Staaten zunehmend um die Schaffung solcher biologischer Schutzzonen bemüht, wenngleich die bisherigen Erfolge noch keineswegs ausreichend sind.

Von den 149 Millionen Quadratkilometern Land auf der Erde hat man bisher 1,6 Millionen, also gerade über ein Prozent, für Naturparks und gleichwertige Schutzgebiete im Verzeichnis der Vereinten Nationen aufgenommen. Dieses Netz ist für einen wirkungsvollen Artenschutz aber noch viel zu weitmaschig, ganz abgesehen davon, daß es nicht die ganze Breite der verschiedenen Ökosystemtypen der Erde ausreichend repräsentiert.

Fast die Hälfte der Gesamtfläche liegt in Nordamerika, vor allem in Grönland und im arktischen Teil Kanadas. Von den fast 200 biogeographischen Provinzen auf der Erde ist ungefähr ein Achtel weder in Naturparks noch in Reservaten vertreten, und ein weiteres Siebtel nur in ein oder zwei Einrichtungen dieser Art. Besonders schlecht geschützt sind Graslandgebiete und Zonen des mediterranen Typs – Gebiete, die schon sehr lange intensiven Belastungen durch den Menschen ausgesetzt sind. Die tropischen Regenwälder nehmen mit nur 150000 Quadratkilometern an Parks und Reservaten einen außerordentlich schlechten Platz ein. In den tropischen Regenwäldern Südamerikas machen die geschützten Gebiete weniger als ein Prozent der Waldfläche aus, in Südostasien weniger als zwei Prozent und in Afrika weniger als drei Prozent. Dort liegen die Reservate fast ausschließlich in einem Staat, nämlich in Zaire.

Vorläufige Schätzungen gehen jedoch davon aus, daß mindestens zehn, wenn nicht sogar zwanzig Prozent des tropischen Regenwaldes in ausgesuchten Lagen geschützt werden müssen, um wenigstens die besonders charakteristischen Ökosysteme und Lebensgemeinschaften zu sichern. Da viele Arten in diesem hochdifferenzierten Biom örtlich ganz begrenzt auftreten (es gibt hier Arten, deren Weltverbreitungsgebiet kleiner als ein Quadratkilometer ist), werden einige große Parks und Reservate nicht ausreichen, um die ganze vorhandene Vielfalt des Lebens zu schützen. Was gebraucht wird, ist ein ausgedehntes und strategisch richtig plaziertes Netz geschützter Gebiete.[8]

Allerdings sind auch Reservate durchaus kein hinlänglicher Schutz für alle Arten, besonders dann nicht

- wenn sie nicht ausreichend groß sind
- wenn sie unter den Belastungen starker touristischer Beunruhigungen durch Wissenschaftler, Schaulustige, Photosafariteilnehmer usw. zu leiden haben oder zusätzlich noch ein breites Spektrum von Bildungs- und Erholungsaufgaben erfüllen müssen

oder

- wenn sie neben ihrer Funktion als Naturschutzgebiet auch noch der landwirtschaftlichen Nutzung zu dienen haben.

Ganz unterschiedliche Voraussetzungen für die Schutzwirkung eines Reservats ergeben sich auch aus der Ausgangslage zum Zeitpunkt der Ausweisung als Naturschutzgebiet. So ist der Artenschutzeffekt begreiflicherweise beträchtlich, wenn ein noch völlig intaktes und räumlich großzügig bemessenes Ökosystem unter Schutz gestellt wird, und er kann umgekehrt sehr gering sein, wenn bereits tiefgreifend veränderte Lebensräume für die Arten zu Schutzgebieten erklärt werden. Auch das Ausmaß der Naturzerstörungen im unmittelbaren Umfeld eines Reservats hat erhebliche Auswirkungen auf den Schutzerfolg der Arten im eingeräumten Schonraum.

In jedem Falle, selbst unter besten Ausgangsvoraussetzungen für ein Reservat, nimmt die Artenvielfalt unter den künstlich geschaffenen Schonraumbedingungen auch noch nach der Ausweisung als Schutzgebiet bis zu einem gewissen Grad ab. Schutzgebiete werden nämlich zwangsläufig und mehr oder weniger zu naturbelassenen Inseln inmitten einer vom Menschen radikal umgestalteten Welt. Aus den erdgeschichtlichen Inselbildungen und aus bereits gewonnenen Erkenntnissen an bestehenden Reservaten lassen sich verschiedene Rückschlüsse über die Auswirkungen einer solchen Isolation auf Flora und Fauna ableiten. Danach müssen die Anzahl der Arten ebenso wie die Anzahl der Individuen einer Art zurückschrumpfen, bis ein neues ökologisches Gleichgewicht erreicht ist. Manche Reservate lassen sich ohne jagdpflegerische oder Hegemaßnahmen überhaupt nicht auf einem sinnvollen Niveau stabilisieren. Auch Naturschutzgebiete können in den seltensten Fällen sich völlig selbst überlassen bleiben.

Zu diesen Pflegemaßnahmen gehören beispielsweise die Unterholzbeseitigung, die Kontrolle des Grundwasserspiegels und die Bestandsregulierung bei unnatürlich ausufernden unerwünschten Tierpopulationen. Und nicht zuletzt gehört zu diesen Schutzmaßnahmen auch die »Verteidigung« des Gebietes gegenüber uneinsichtigen Touristen, Wilderern, Fischern und Fallenstellern oder sensationslüsternen Photojägern.

Wie tiefgreifend die Probleme der Arterhaltung in Naturreservaten sind, verdeutlichen auch verschiedene Faustregeln, wie sie Naturschutzexperten zur Kalkulation der Erfolgschancen ihrer Bemühungen immer wieder anwenden:

Wenn 90 Prozent eines ursprünglichen natürlichen Lebensraumes, so ihre überschlägliche Rechnung, durch menschliche Einwirkungen zerstört wurden und die verbleibenden zehn Prozent als Naturpark unter Schutz gestellt werden, kann man nicht davon ausgehen, daß mehr als die Hälfte der noch in diesem Gebiet lebenden Arten auf Dauer erhalten werden kann. In der ersten Zeit, während der Phase der Einpendelung eines neuen ökologischen Gleichgewichts, wird der Aussterbeprozeß von Arten verhältnismäßig rasch fortschreiten, sich dann erheblich verlangsamen, bis schließlich - im günstigsten Falle - eine Art Fließgleichgewicht hergestellt ist. In den meisten Fällen aber wird sich eine vollkommene Stabilität des neuen Ökosystems ohne Stützmaßnahmen durch den Menschen überhaupt nicht mehr einstellen können.

Erst bei einer Vergrößerung des Gebietes um etwa das Zehnfache würden sich die Überlebenschancen der Arten in etwa verdoppeln. Wäre das auf zehn Prozent reduzierte Schutzgebiet nicht als ein Naturschutzkomplex angelegt, sondern inselartig in zwei kleinere Schutzgebiete zerlegt, wäre die Zahl der überlebenden Arten erheblich kleiner. Lägen die Gebiete weit voneinander entfernt, so daß die Möglichkeiten des Austausches von Genmaterial durch Samenflug, Insektenbestäubung und Wanderbewegungen von Tieren auf dem Boden oder in der Luft erheblich erschwert wären, würden ebenfalls wesentlich weniger Arten überleben können.

Mit Hilfe solcher Kalkulationen können Ökologen heute die Aussterbequote wenigstens der empfindlichsten Artengruppen, Vogel- und Säugetierarten, einigermaßen abschätzen und sie können festlegen, wie groß ein Schutzgebiet mindestens sein muß, um die Verluste in »vertretbaren Grenzen« zu halten, sofern es solche überhaupt gibt. Ungenauigkeiten liegen vor allem darin begründet, daß in solche Berechnungen andere Einflußgrößen wie etwa die lokale Klimaveränderung, die globale Verschmutzung der Atmosphäre und des Wassers sowie Umweltbelastungen durch Chemie nur schwer einbezogen werden können.

Wenn man nun auf der Grundlage dieser Erkenntnisse beabsichtigt, beispielsweise die Aussterberate einer Artengemeinschaft von Vögeln unter einem Prozent pro hundert Jahre zu halten, dann muß man ein Schutzgebiet von mindestens 2500 Quadratkilometern einrichten. Nur die allerwenigsten Parks und Reservate auf der Erde weisen jedoch eine solche Größe auf.[9]

Für den Bereich der Bundesrepublik Deutschland hat H. Weiger die wenig ermutigende Situation sehr treffend beschrieben. Seine Darstellung der desolaten Verhältnisse bei uns soll als Abschluß dieses Abschnitts ungekürzt wiedergegeben werden:

»Bei den lediglich 0,9% der Fläche der Bundesrepublik Deutschland, die als Naturschutzgebiet ausgewiesen sind, steht erfahrungsgemäß der Schutz der Natur meist nicht an erster Stelle, bisweilen ist der Naturschutz hier nur der Konkursverwalter, denn fast die Hälfte aller Naturschutzgebiete sind keine Vorranggebiete für seltene Tier- und Pflanzenarten, sondern eher Vorranggebiete für Erholung, Jagd, Land- oder Forstwirtschaft oder, wenn sie entsprechend groß sind, für militärische Nutzung. Eine Überprüfung des Zustandes der niedersächsischen Naturschutzgebiete 1977 ergab, daß 34 Gebiete in ausgewiesenen Schwerpunkträumen der städtischen industriellen Entwicklung liegen, zehn Gebiete zu Bereichen gehören, in denen die Flurbereinigung vorgesehen ist, ein Gebiet durch Überstauung vernichtet werden wird, 46 Gebiete durch den Abbau oberflächennaher Bodenschätze gefährdet sind, 23 Gebiete durch verkehrsplanerische Maßnahmen betroffen sind, 74 Gebiete Einrichtung zur Erholungsnutzung aufweisen und 114 Gebiete in Räumen liegen, die zur Sicherung und Entwicklung von Naherholungsgebieten vorgesehen sind. Insgesamt sind durch die Festlegung in Plänen und Programmen auf Landesebene 164 der bestehenden niedersächsischen Naturschutzgebiete gefährdet oder gar in ihrem Bestand bedroht. Eine Hochrechnung auf das Bundesgebiet ist hier durchaus erlaubt. Diese Bilanz zeigt uns, wie groß der tatsächliche Stellenwert des Naturschutzes ist. Häufig nur als Papieraufkleber anerkannt, hat der Naturschutz es bis heute nicht geschafft, in seinen eigentlichen Anliegen erkannt zu werden.«[10]

Die ökologisch gestaltete Kulturlandschaft

Abgesehen von der Tatsache, daß mit Hilfe von Naturparks und Reservaten – den letzten bedeutenden Refugien für die Arten – langfristig nicht alle Pflanzen und Tiere eines jeweiligen Ökosystemtyps erhalten werden können, sondern eben nur die, die ein sich neu einpendelndes ökologisches Gleichgewicht zuläßt, bergen Schutzgebiete noch andere Gefahren in sich: Sie verringern vor allem bei Politikern, Industriemanagern und Wirtschaftsbossen die psychologischen Hemmschwellen zur Zerstörung der nicht geschützten umliegenden Regionen beträchtlich. Jedenfalls ist dies eine schmerzliche Erfahrung der Vergangenheit in fast allen Ländern, in denen Schutzgebiete ausgewiesen wurden. Damit aber werden wesentliche Artenschutzerfolge sowohl innerhalb als auch außerhalb solcher Reservate wieder sehr in Frage gestellt. Zwischen Reservat und Umland gibt es nämlich eine Anzahl von biologischen Austauschfunktionen, von denen beide Regionen profitieren.

Will man die Vielfalt der Arten auf der Erde tatsächlich erhalten, dann kommt man nicht darum herum, sie nicht nur in speziellen Schutzzonen isoliert zu konservieren, sondern sie überall dort zu belassen, wo sie ihre angestammten Lebensräume haben. Reservate, Zoos, botanische Gärten und Genbanken sind unbestreitbar notwendige Wege für den Artenschutz, aber sie sind Notprogramme. Die hauptsächlichen Arbeitsfelder und die entscheidenden Schwerpunkte müssen in der Erhaltung der Landschaften liegen, die sich der Mensch mit den Arten als gemeinsamen Lebensraum teilt. Es ist dies insbesondere in Europa die vom Menschen geprägte, geschichtlich gewordene Kulturlandschaft.

In ihrer Erhaltung beziehungsweise umgehenden Wiederherstellung liegen unsere elementarsten Lebensvoraussetzungen für die Zukunft. Neben den Bemühungen um den Frieden in der Welt und den Anstrengungen, die Verelendung der Dritten Welt durch gerechte Güterverteilung eiligst zu beenden, verdient dieses Ziel – und dies ist eine keineswegs überzogene Forderung – absolute Priorität vor allen anderen politischen und gesellschaftlichen Aufgaben, auch wenn dies mancher Zeitgenosse nicht einzusehen vermag und infolge unseres fehlgeleiteten Bildungssystems geradezu zwangsläufig gar nicht verstehen kann.

Bis zur Mitte des vergangenen Jahrhunderts bestand in Europa fast überall die ertragsarme, aber naturschonende Dreifelderwirtschaft. Die Bauern bestellten nach einfachen Methoden ihre Felder und Äcker. Diese waren hauptsächlich in Talregionen, Ebenen und leicht zugänglichem Gelände angelegt worden.

Äcker und Felder wurden mit Hecken, Erdwällen und Zäunen umgeben, um das Vieh einsperren beziehungsweise fernhalten zu können. Heckenreihen, Solitärbaumgruppen, Straßen- und Alleebäume und Brachlandinseln dienten als Schutz gegen Wind- und Wassererosion. Gebirgshänge, Bergkuppen, Feucht- und Sumpfgebiete, Erdgräben, Überschwemmungszonen entlang der Flüsse und Bäche und andere mit Ochsenkarren oder Pferdefuhrwerken nur schwer zugängliche Flächen blieben von der Bewirtschaftung meist großzügig ausgespart und bildeten natürliche Reservate und Ökoinseln, in denen beinahe alle angestammten Arten überleben konnten. Gelegentlich förderte diese Form der Landschaftsumgestaltung sogar noch eine zusätzliche Zuwanderung von Arten.

Die gesamte Infrastruktur des Landes war noch wenig entwikkelt, Straßen und Wege nur dürftig ausgebaut. Die einzigen Verkehrsmittel - Pferdegespanne, Ochsenkarren und erst viel später Eisenbahnen - waren teuer, langsam, von begrenzter Ladekapazität, häufig auch wetterabhängig und damit unzuverlässig. Städte und Dörfer mußten deshalb darum bemüht sein, von einer Versorgung von außen unabhängig zu bleiben und alle grundlegenden Nahrungsmittel und Wirtschaftsgüter selbst herzustellen.

Abgesehen von den speziellen klima- und bodenbedingten Anbau- und Viehhaltungsschwerpunkten (wie Weinbau, Grünlandwirtschaft, Obstanbau) galt für die Bauern das Selbstversorgungsprinzip, d.h., der Hof mußte nach Möglichkeit die ganze Vielfalt an Nahrungsmitteln und größtenteils auch Kleidungsgrundmaterialien (Flachs, Baum- und Schafwolle, Leder usw.) selbst produzieren. So wurden je nach Bodenbedingungen alle Getreidearten, Kartoffeln, Rüben, nach Möglichkeit auch Flachs angebaut. Man hielt Kühe, meist auch Pferde, Schafe, Ziegen, Hühner, Gänse, Enten und anderes Geflügel. Jeder Bauer hatte seinen eigenen Gemüse- und Obstgarten, Beerensträucher, Kräuterbeete, meist hatte man auch eigene Fischteiche und Bienenvölker. Daneben erbrachte die Jagd, die allerdings häufig nur den Adeligen vorbehalten war, eine große Vielfalt von Wild.

Diese Lebensform prägte einen eigenen Landschaftstyp, die ökologisch konzipierte Kulturlandschaft. Ausgesparte naturbelassene Reservate, extensive Bewirtschaftung und einfache Landbautechnik sowie Vielfalt in Bodennutzung und Tierhaltung ließen eine stark gegliederte Landschaft entstehen, die die natürliche Lebensbasis der Menschen schonte und die Lebensräume der Arten nicht zerstörte. Man lebte beinahe harmonisch im Einklang mit dem Rhythmus der Natur und der Jahreszeiten. Allerdings war diese Form der Bewirtschaftung nach unseren heutigen Vorstellungen ungewöhnlich arbeitsintensiv. Außerdem konnte auf diese Weise nur eine sehr begrenzte Anzahl von Menschen ernährt werden - gesund zwar und qualitativ unvergleichlich besser als heute, aber keineswegs so abwechslungsreich und reichhaltig.

Mit dem Aufkommen der künstlichen Düngung im vergangenen Jahrhundert begann ein Prozeß von vielfältigen Strukturwandlungen in der Landwirtschaft. Zunächst ermöglichte die Mineraldüngung die Bewirtschaftung von Böden, die bisher wegen ihrer geringen Erträge nicht genutzt worden waren. So wurden die landwirtschaftlichen Nutzflächen auf Kosten naturbelassener Parzellen vergrößert. Das kleinflächige Netzwerk von mit Hecken umsäumten Feldern wurde weitmaschiger. Der Ausbau eines dichten Eisenbahnnetzes und die Entwicklung von Binnenschiffahrtswegen ermöglichten den Warenaustausch im größeren Stil, was schließlich zur Aufgabe des traditionellen Selbstversorgungsprinzips führte. Die Dorfgemeinschaft produzierte nicht mehr alle Nahrungsmittel selbst, sondern spezialisierte sich auf wenige Produkte, die sich für die jeweilige Region besonders gut eigneten. Es entwickelten sich - begünstigt durch den zunehmenden Einsatz von Maschinen - die ersten Monokulturen. Ähnliche Veränderungen ergaben sich durch das Aufkommen der nun mehr auf die Holzproduktion ausgerichteten Forstwirtschaft in den bis dahin weitgehend naturbelassenen Wäldern.

Damit erfuhr die ursprüngliche, ökologisch entwickelte Kulturlandschaft erste tiefgreifende Veränderungen. Neben den landschaftlichen Wandlungen brachten sie auch das soziale Leben der Menschen in den dörflichen Gemeinschaften mehr und mehr aus den Fugen. Eine erste große Landflucht setzte ein. Für die Landschaft bedeuteten diese Veränderungen einen drastischen Rückgang der Arten in nur wenigen Jahrzehnten (vgl. Abb. 5).

Mit der Fortentwicklung der industrialisierten Gesellschaft erhöhte sich der Flächenbedarf für Industrieanlagen, Fabriken, Kraftwerke, Straßen-, Schienen- und Kanalsysteme, Flugplätze und insbesondere für Siedlungsräume und öffentliche Bauten in schwindelerregenden Dimensionen. Auch für Freizeit, Sport, Tou-

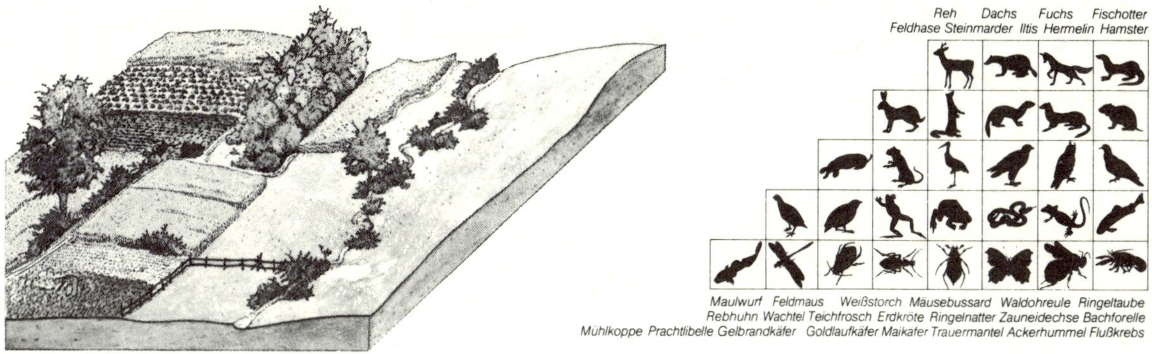

In der ökologisch gestalteten Kulturlandschaft finden viele unserer heimischen Tier- und Pflanzenarten genügend Lebensräume, um in ausreichend starken Populationen überleben zu können. Auch örtlich bereits ausgestorbene Arten nutzen diese Lebensräume, um von umliegenden Ökosystemen wieder zuzuwandern.

Abb. 5[11]

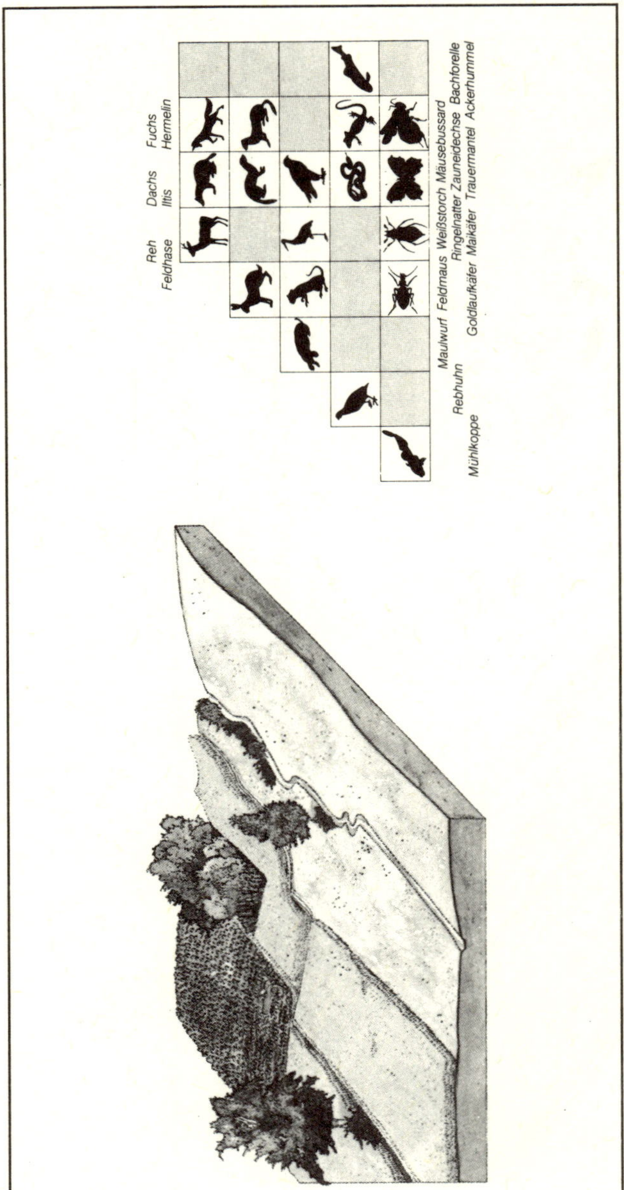
Reh Dachs Fuchs
Feldhase Iltis Hermelin
Maulwurf Feldmaus Weißstorch Mäusebussard
Rebhuhn Ringelnatter Zauneidechse Bachforelle
Mühlkoppe Goldlaufkäfer Maikäfer Trauermantel Ackerhummel

Abb. 5

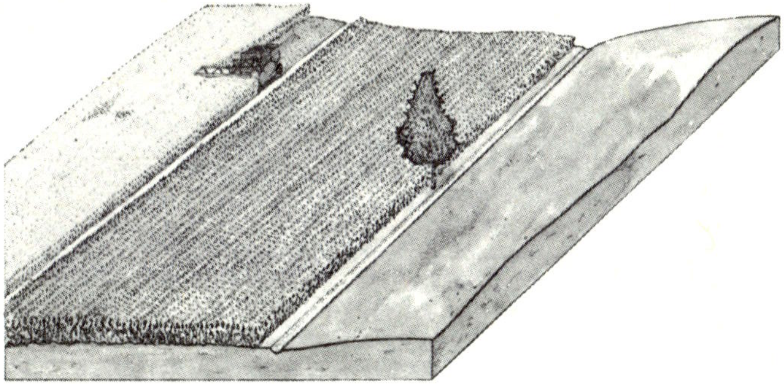

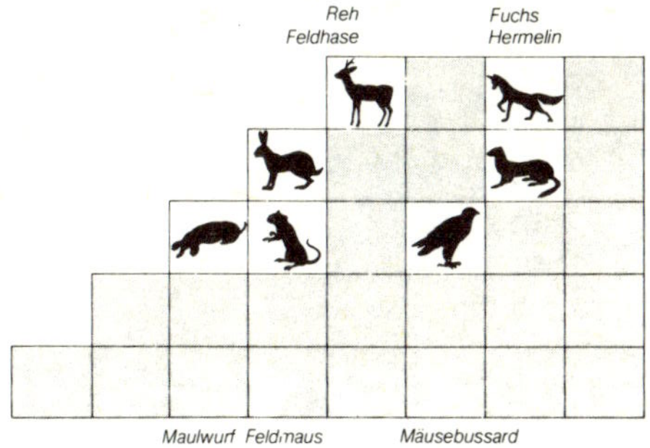

Je mehr eine Landschaft ausgeräumt wird, desto mehr Arten verschwinden in ihr. Schließlich finden nur noch wenige Allerweltsarten, sogenannte Kulturfolger, die zu ihrem Überleben notwendigen Bedingungen, nehmen zahlenmäßig sogar überhand und tragen damit zur weiteren ökologischen Instabilität der neu entstandenen Agrarsteppe bei.

Abb. 5

ristik und Erholung wurden immer neue Flächen erschlossen. Nicht nur unsere Städte, sondern vor allem auch unsere Dörfer vergrößerten ihre Besiedlungsflächen in den vergangenen Jahrzehnten bei oft gleichbleibender Einwohnerzahl beträchtlich. Damit wurde die Landwirtschaft wiederum in die Lage gebracht, sich neue Anbauflächen auf Kosten von bisher naturbelassenen Restbiotopen erschließen zu müssen. Außerdem mußten die Felder und Äcker zum Teil wegen fehlender Arbeitskräfte und unter dem starken Preisdruck auf landwirtschaftliche Produkte einer rationellen, maschinengerechten Bearbeitung angepaßt werden.

So wurde unsere Landschaft im Rahmen von meist sehr drastischen Flurbereinigungsmaßnahmen in vielen Regionen nahezu restlos ausgeräumt. Großflächige Monokulturen bestimmen heute zunehmend das Bild. Hecken, Feldgehölze, Brachlandinseln, Solitärbäume, wilde Feldrandzonen sind verschwunden, und selbst Straßen- und Alleebäume werden wegen des Laubs in den Feldern nicht mehr geduldet. Unzählige Wildpflanzen- und Insektenarten, viele Vogelarten und Kleinsäuger verloren dadurch bei uns ihre Lebensräume. Auch die Vielfalt der Mikroorganismen im Boden nimmt ständig ab.

Neben der Landschaftsausräumung wurden noch vielfältige andere Umgestaltungsmaßnahmen zur besseren Bearbeitung der Böden durchgeführt: Bodenunebenheiten, natürliche Gräben und Erdwälle wurden verfüllt, Feuchtgebiete wurden trocken gelegt, Bäche und Flüsse begradigt, verrohrt oder überbaut. Dem Ziel der Ertragssteigerung - angeheizt durch eine irrationale, von überregionalen Gesichtspunkten geleitete und ausschließlich an Produktionssteigerung orientierte nationale und europäische Agrarpolitik - wurde jeder Quadratmeter »ungenutztes« Freiland geopfert. Das Ergebnis dieses »totalen Umbaus« sind unsere heutigen Agrarsteppen, in denen nur noch wenige Arten die für sie nötigen Lebensbedingungen finden.

Die geschilderte Entwicklung brachte beträchtliche Vorteile insbesondere für die Industriezweige der Lebensmittelverarbeitung, des Maschinenbaus und der Chemie, die allerdings verhältnismäßig kurzzeitig sein werden. Sie hat aber auf der anderen

Seite verheerende Folgen für die Natur und ihre Artenvielfalt und damit für die Lebensvoraussetzungen der Menschen, für die Sicherung unserer Ernährung in der Zukunft und nicht zuletzt auch für unsere Gesundheit. Denn gesunde Nahrungsmittel lassen sich auf diese Weise prinzipiell nicht produzieren, ganz abgesehen davon, daß die nun notwendig gewordenen marktgerechten Weiterverarbeitungsverfahren der produzierten Nahrungsgrundstoffe (Konservierung, Langzeitlagerung, portionsgerechte Verpackung, Energieanstieg) zahlreiche weitere, neue Gesundheitsrisiken einschließen.

Wenigstens erwähnt werden sollte in diesem Zusammenhang auch der prägende Einfluß der Landschaft auf die Seele des Menschen. Auch hier werden viele negative Auswirkungen unseres Zerstörungswerkes in der Gesellschaft durchaus sichtbar.

Monokulturen tragen die Tendenz zur Instabilität in sich. Sie sind Fabriksysteme der Natur und als solche auf ständige Stützmaßnahmen durch den Menschen angewiesen. Sie weisen vielfältige Merkmale der »Drogenabhängigkeit« auf: Sie sind für alle Zeiten auf chemischen Schutz vor Schädlingsbefall angewiesen. Dieser muß nach bestimmten Gesetzmäßigkeiten periodisch verstärkt werden, bis schließlich der völlige Kollaps den Organismus zerstört.

Möglicherweise sind sie eben wegen dieser Abhängigkeit unter dem Einfluß einer starken Lobby der chemischen Industrie von den Politikern so sehr favorisiert worden. Neben der Chemieabhängigkeit bleiben großflächige Monokulturen trotz vielfältiger technischer Gegenmaßnahmen immer der Erosion durch Wind, Regen, Grundwasserabsenkung und Artenauszehrung preisgegeben. In größeren Zeiträumen betrachtet, ist eine Versteppung und Verwüstung der Landschaft die unvermeidliche Konsequenz.

Die landwirtschaftliche Intensivbewirtschaftung in großflächigen Monokulturen ist die perfekte Ausprägung der Politik des »schnellen Geldes«, die kurzzeitig hohe Erträge und damit große Gewinne einbringt, auf lange Sicht jedoch jenen »Apennin« der verbrannte Erde zurückläßt. - Die Punischen Kriege - sie toben noch immer.

Der einzige Weg, der uns gegenwärtig noch bleibt, ist die sofortige Rückgestaltung der Landschaft in eine ökologisch geprägte Kulturlandschaft ohne Rücksicht auf die damit verbundenen gesellschaftspolitischen Schwierigkeiten. Noch haben wir die Möglichkeit, dieses utopische Modell einer für den Menschen in jeder Hinsicht heilsamen Landschaft wieder zu realisieren. Noch ließen sich - mit unglaublichen Schwierigkeiten zwar - viele der bei uns verschwundenen Arten wieder einbürgern und auswildern, viele würden nach der Schaffung ihrer speziellen ökologischen Nischen wieder von selbst zuwandern. Eine große Zahl allerdings ist bereits für alle Zeiten ausgestorben. Wir müssen also schnell handeln.

Zwar läßt sich die Landschaft nicht wieder genauso herstellen, wie sie ursprünglich war. Dagegen stehen neben der prinzipiellen Unbeherrschbarkeit der Natur durch den Menschen zu viele gesellschaftliche, strukturpolitische, beschäftigungspolitische, agrarpolitische, wirtschaftliche und soziale Hindernisse. Aber wenn wir innerlich bereit sind, das Problem in seiner Bedeutung für uns alle wirklich zu erkennen - und wer außer unseren Politikern und vielleicht unserem Schulsystem hindert uns daran -, könnten noch Wege gefunden werden, den Arten die Regenerations- und Wiederausbreitungsmöglichkeiten zu schaffen, die sie - aber eben nicht nur sie - in der Zukunft zum Überleben brauchen. Noch hätte die Gesellschaft diese geschichtlich einmalige Gelegenheit, einen erkannten Fehler zu korrigieren. Die gegenwärtigen Probleme mit der landwirtschaftlichen Überschußproduktion bieten dazu sogar verschiedene Chancen und Modelle an. Aber es wäre ein Weg mit Opfern für uns alle, denn vereinzelte Alleebäume da und dort und die anläßlich der Schulentlassung gepflanzte Eiche lösen die Probleme noch lange nicht. Wir müßten entscheidende und mächtige Interessen beispielsweise als Autofahrer, als Skifahrer, als Wassersportler, als Urlauber, als Verbraucher und Konsument entschlossen hintanstellen.

Dazu aber werden unsere heutigen modernen Massengesellschaften nicht in der Lage sein. Sie werden sich weiterhin im Erfinden von »wichtigen« Entschuldigungen üben. Es fragt sich nur, ob diese auch in der geschichtlichen Retrospektive zukünftiger Generationen werden bestehen können.

Hausgärten, öffentliche Parkanlagen, Siedlungsbegrünung

Vorrangige Aufgabe des Artenschutzes ist es, möglichst zahlreiche naturnahe Lebensräume für das Überleben unserer vielfältigen Tier- und Pflanzenwelt zu sichern oder neu zu schaffen. Das gilt aber nicht nur für die großflächigen landschaftsprägenden Areale, sondern besonders auch für die kleinen und kleinsten Parzellen unserer Haus- und Schrebergärten. Gerade sie könnten zu einem Netzwerk wichtiger ökologischer Kleinstreservate für bedrohte Insekten- und Vogelarten sowie Kleinsäuger ausgestaltet werden. Immerhin macht das private Gartenland in der Bundesrepublik rund 7000 Quadratkilometer aus, was der Hälfte der Landfläche Schleswig-Holsteins entspricht.[12]

Allerdings können die Hausgärten diese wichtige Funktion nur unter bestimmten Voraussetzungen übernehmen. In vieler Hinsicht wäre eine radikale und nur schwer zu erreichende Veränderung der Gartenanlagen und der gärtnerischen Ziele und Bemühungen der Besitzer notwendig:

- Der Gartenbesitzer – heute neben dem Landwirt wichtigster Großabnehmer agrartechnischer Produkte – müßte vor allem gänzlich auf Chemie und Giftspritze verzichten. Nur so könnten Hausgartenflächen ökologische Insel- und Ausgleichsareale zu den landwirtschaftlichen Nutzflächen werden, auf denen zumindest unter den gegenwärtigen Produktionszwängen angeblich nicht auf Chemie verzichtet werden kann. Vor allem viele Vogelarten nehmen den chemiefreien und damit artenreicheren Lebensraum »Hausgarten« sehr schnell an und können darin besser und gesünder überleben.

- Der Gartenbesitzer müßte außerdem auf die sehr in Mode gekommenen standortfremden exotischen Zierhölzer und -pflanzen vollkommen verzichten und nur heimische Gewächse pflanzen, denn sie bieten unseren standorttypischen Tierarten meist die besseren Lebensräume.
- Weiterhin müßte der Gartenbesitzer mehr Mut zu »natürlicher Unordnung« aufbringen und auch Brennesseln und Allerweltsgehölzen in seinem Garten ökologische Nischen lassen, da gerade sie für viele Arten als Nahrungsbasis und Lebensraum wichtig sind. Auch das häufige Rasenmähen entzieht einer Reihe von Arten die Möglichkeit der Selbsterhaltung.
- Schließlich sind alle Möglichkeiten der Kompostierung weitestgehend zu nutzen. Gerade der Komposthaufen leistet einen entscheidenden Beitrag zur Entschärfung verschiedener Müllprobleme und bietet vielen Arten ideale Überwinterungsmöglichkeiten. Daneben sollten Brut- und Nistkästen sowie andere Überwinterungsvorkehrungen für Kleintiere (Vögel, Fledermäuse, Insekten) in einem naturnahen Garten nicht fehlen.

Leider werden die hier angeführten notwendigen Verhaltensänderungen dem Gartenbesitzer selbst dort, wo Einsicht und guter Wille ihrer Realisierung nicht entgegenstehen, durch unsinnig einengende Satzungen von Schrebergartenkolonien, durch nicht zu unterschätzende Nachbarschaftszwänge oder durch die Macht von Mode und Werbung außerordentlich erschwert.

Auch die schon sehr alte und dann über lange Zeiträume vergessene Tradition des Anlegens eines Gartenteiches ist in den letzten Jahren erfreulicherweise wieder in Mode gekommen. Gartenteiche sind heute vor allem deshalb so wichtig geworden, weil natürliche Kleingewässer in der »umgebauten« bewirtschafteten Landschaft beinahe restlos verschwunden sind.[13]

Teichpflanzen, Insekten und Reptilien siedeln sich in den künstlich geschaffenen Gartenteichen von selbst an und finden hier günstige Überlebensmöglichkeiten. Leider sind aber auch die Gartenteiche bereits in den Sog der Kommerzialisierung geraten. So bietet der Markt eine Fülle verschiedenster standortfremder exotischer Teichpflanzen und eine breite Palette von Chemikalien zur »Sauberhaltung« des Teiches und zur Klärung des Wassers an. Der Teichfreund, der mit seinem Kleingewässer einen wirklichen Beitrag zum Artenschutz leisten möchte, sollte jedoch auf Chemikalien jedweder Art verzichten.

Sowohl der Hausgarten als auch der Gartenteich entfalten ihre größte Schönheit und natürliche Wunderwelt am vollendetsten, wenn sie vollkommen der Natur überlassen werden. Der beste Gärtner ist, einem alten Sprichwort zufolge, eben auch heute noch der *faule* Gärtner.

Viele Möglichkeiten des Artenschutzes bieten sich auch dort, wo man der Natur gemeinhin nur geringe Chancen einräumt, in den dörflichen Siedlungen und sogar in den städtischen Ballungszentren der Menschen. Inmitten unwirtlicher Großstadtwüsten, umgeben von Asphalt, Stahl, Beton und Glas können naturnahe Kleinbiotope, Parkanlagen, Dach-, Haus- und Balkonbegrünungen, Straßenrabatten usw. ungeahnte Lebensräume für wichtige »Unkräuter«, Blumen, Sträucher, Obstbäume und Klettergewächse sowie Insekten- und Vogelarten bieten. Dies vor allem dann, wenn der Mensch der Natur mit speziellen architektonischen Maßnahmen entgegenkommt und die nötigen ökologischen Nischen schafft.

Gerade in der Stadt zeigt sich die Bedeutung einer reichen Fauna und Flora für die Gesundheit von Leib und Seele des Menschen am auffälligsten. Besonders ein üppiger Pflanzenbewuchs an Hauswänden, auf Hausdächern und an Straßenrändern kann wesentlich dazu beitragen, die negativen Auswirkungen des sogenannten Stadtklimas auf die menschliche Gesundheit abzumildern, ganz abgesehen von der Lebensfreude, die von der umgebenden Natur ausgeht.[14]

Daneben ist vor allem der pädagogische Wert einer reichen Flora unmittelbar in den menschlichen Lebensräumen besonders hoch. So kann das Grün in der Stadt im Alltagsleben des Städters unter Umständen der einzige Schlüssel zum Verständnis wichtiger Zusammenhänge der Natur sein.

Die meisten der bisher angesprochenen Lösungswege und Arterhaltungsprogramme legen die Pflicht des Handelns in die Hände anderer Personen oder Institutionen. Dies nicht etwa nur aus Bequemlichkeit, sondern wegen der speziellen Eigenheiten der Problematik. Der einzelne hat meist nur indirekt über politische oder gesellschaftliche Entscheidungsgremien individuelle Mitwirkungsmöglichkeiten. Wenn aber – wie bereits festgestellt – das Artensterben hauptsächlich eine Folge des konsumorientierten Lebensstils von jedermann ist, dann ist gewiß auch danach zu fragen, welche persönlichen Beiträge zum Artenschutz jeder einzelne von uns leisten kann oder muß.

Leider sind die Möglichkeiten des einzelnen außerordentlich und geradezu entmutigend begrenzt und sehr abhängig von dem Platz, an dem er in Beruf, Gesellschaft und Staat steht. Vieles von dem, was in der Öffentlichkeit vorschnell als wichtiger Beitrag zu einer Lösung diskutiert und angeboten wird, ist bei genauerem Hinsehen völlig untauglich, vieles wirkt angesichts der weltweiten wechselseitigen Verknüpfungen der Artenvernichtungsmechanismen geradezu lächerlich. Oft genug bewirken gut gemeinte Handlungen aus einem »neuen« Bewußtsein heraus in der Praxis so gut wie überhaupt nichts, wenn man einmal von der beispielgebenden und insofern durchaus auch wichtigen Demonstration eines rührenden, aber ineffektiven guten Willens absieht. Vor allem engagierte Umweltschützer neigen dazu, die Bedeutung von Verhaltensänderungen des einzelnen in ihren praktischen Auswirkungen hoffnungslos zu überschätzen. Wer beispielsweise einmal gründlich der Frage nachgeht, was denn mit den in verschiedensten Sondermüllaktionen gesammelten Materialien letztlich geschieht, sieht sich oft genug heimtückisch getäuscht, weil er dabei gelegentlich durchaus erfahren muß, wie leichtfertig, zynisch und ungerührt gerade Behörden aus Trägheit, mangelnder fachlicher Kompetenz oder reiner Hilflosigkeit millionenfachen guten Willen wieder restlos zunichte machen.

Und trotzdem: Wenn es überhaupt je gelingen sollte - was nochmals ausdrücklich in Frage gestellt werden muß -, die gegenwärtige ökologische Krise ohne furchtbare Menschheitskatastrophen zu überwinden, dann kommt es auf das Engagement und das entschlossene Handeln eines jeden einzelnen an, und zwar nicht nur im Bereich der politischen und gesellschaftlichen Verantwortungen, sondern auch in seinen privaten Lebensentscheidungen.

Aus der großen Fülle der in der Gesellschaft diskutierten Verhaltensregeln zum Umweltschutz sollen hier vor allem diejenigen aufgegriffen werden, die besonders auf den Schutz der bedrohten Arten abzielen. Dabei kann es in diesem Rahmen nicht darum gehen, eine erschöpfende Checkliste für private Verhaltensänderungen oder einen umfassenden, sich selbst erklärenden Katalog von Verhaltensregeln für Wald- und Wiesenwanderer, Skifahrer, Langläufer, Drachenflieger, Bergsteiger, Surfer, Spaziergänger usw. vorzustellen. Die nachfolgenden Anregungen verstehen sich vielmehr als Anstöße, die die Zielrichtungen der notwendigen Bemühungen des einzelnen skizzieren sollen.

Wir alle sollten in allen Lebensbereichen den Gebrauch von Chemikalien als Wasch-, Putz- und Reinigungsmittel, als Kosmetika, Medikamente, Holzschutzmittel und Farben usw. auf ein wirkliches Minimum reduzieren, im Garten auf künstliche Düngung und chemische Schädlingsbekämpfung verzichten und überall auch ausdrücklich chemiefreie Nahrungsmittel verlangen. Immerhin haben wir in Deutschland mit rund 23 Kilogramm Waschmittel pro Person und Jahr mit Abstand den weltweit höchsten Waschmittelverbrauch. In diesem Zusammenhang ist es auch nicht unwichtig, die Art des Waschmittels genau zu überprüfen, da es hinsichtlich ihrer Umweltverträglichkeit sehr große Unterschiede gibt.

Als Verbraucher sollten wir wesentlich mehr als bisher auf eine gesunde Ernährung achten, was zwangsläufig die Bereitschaft einschließen muß, für gesunde, weitgehend chemiefreie Nahrungsmittel auch einen höheren Preis zu bezahlen. Nahrungsmittel aus Massentierhaltungen sind ohne massiven Chemieeinsatz nicht produzierbar und allein schon deshalb abzulehnen, ganz abgesehen von den unvorstellbaren Tierquälereien, die jede Form der Massentierhaltung einschließt.

Der Konsum von Nahrungsmitteln aus sogenannten Fast-Food-Ketten bedeutet häufig eine direkte Mitwirkung an der Zerstörung von Regenwaldgebieten in Ländern der Dritten Welt. So werden beispielsweise die Wälder Zentralamerikas gerodet, um Weideland für Rinderherden zu schaffen. Das auf diese Weise zusätzlich produzierte Fleisch wandert aber nicht in die Mägen der unter entsetzlichem Hunger leidenden einheimischen Bevölkerung, sondern geht als billig produziertes Fleisch auf die Märkte der Fast-Food-Ketten Amerikas und Europas. Wessen Hand liegt an der fernen Motorsäge, die die tropischen Regenwälder zerstört, fragt Norman Myers mit Recht.[15]

Auf Möbel aus exotischen Hölzern sollten wir gänzlich verzichten. Außerdem sollten wir schon mit Rücksicht auf die eigene Gesundheit weder Tiere noch Pflanzen illegal aus anderen Ländern in die Bundesrepublik einschleppen. Und schließlich bedeutet Artenschutz auch, daß wir unsere Heimtiere verantwortungsbewußt und artgerecht hegen und halten.

Schon die Entscheidung, welches Heimtier ich für mich, meine Familie oder die Kinder aussuche, führt zu grundsätzlichen – auch ethischen – Fragestellungen. So sollten wir schon vor dem Kauf überlegen, ob es denn sinnvoll und verantwortbar ist, zur eigenen Kurzweil oder als Heimzier Tiere in Käfige, Terrarien oder Aquarien zu sperren, ohne im entferntesten erahnen zu können, welches Leid der Kreatur durch solche Gefangenschaft zugefügt wird, ganz abgesehen davon, daß der wachsende Handel vor allem mit exotischen Heimtieren aller Art deren Verdrängung und schließlich Ausrottung in ihren natürlichen Lebensräumen zur Folge hat.

Auch mit dem Kauf von Produkten aus Krokoleder, Schlangenleder, Eidechsenleder, Wildkatzenfellen, Schildpatt oder Elfenbein verliert so mancher, der im guten Glauben lebt, ein leidenschaftlicher Natur- und Tierschützer zu sein, ganz ahnungslos seine Unschuld. Er wird – häufig ohne es zu wissen – am Ende einer langen, nicht selten unüberschaubaren Kausalkette durch das, was man allgemein mit consumerist lifestyle oder modern way of life bezeichnet, zum Mittäter an der Artenausrottung. Ähnliches gilt auch für den Handel mit ausgestopften Tieren, auf die man auch zu Lehr- und Unterrichtszwecken verzichten sollte, zumal hier das künstliche Modell meist ohnehin anschaulicher gestaltet werden kann.

Insbesondere für uns Bundesbürger scheint noch ein anderer Hinweis besonders wichtig zu sein. Die Bundesrepublik Deutschland ist der größte legale und illegale Pelzimporteur der Welt. Pelze gelten bei uns als schick, modisch und vornehm elegant. Darüber hinaus sind sie zu einem wichtigen gesellschaftlichen Statussymbol geworden, das viele von uns jede Tierliebe und Verantwortung für die Umwelt vergessen läßt. Der wirkliche Naturliebhaber und Naturschützer wird Pelze als Tierprodukte zwar nicht unbedingt völlig ablehnen, er wird aber vor dem Kauf noch einige Gesichtspunkte kritisch überdenken:

1. Um welche pelzliefernden Tiere handelt es sich bei dem ausgewählten Pelzprodukt? (freilebende Tiere, seltene bedrohte Tiere, ökologisch bedeutsame Tiere, Tiere aus einer Zuchtstation usw.)[16]
2. Wie werden die Tiere, auch wenn sie von einer Zuchtstation stammen, gehalten? Wie sieht eine solche Zuchtstation überhaupt aus? Wie werden die Tiere getötet? Handelt es sich um eine leidensvermeidende oder um eine an der Fellnutzung orientierte Tötung?
3. Welche Eingriffe in bestehende Ökosysteme sind mit der Tötung freilebender Pelztiere verbunden?
4. Wie viele Tiere werden für den ausgewählten Pelzartikel benötigt?[17]

Die Möglichkeiten des einzelnen erschöpfen sich allerdings keineswegs in derartigen bloßen »Gebrauchsanweisungen« zum Artenschutz. Wesentliche, wenn auch nicht völlig richtungsweisende Grundvoraussetzung zum Schutz der Arten und unserer Umwelt durch den einzelnen wird neben den notwendigen Informationen seine innere, in der Seele grundgelegte Beziehung zur Natur und zu allem Lebendigen sein.

Der Mensch, der nicht nur mit dem Verstand, sondern vor allem auch mit dem Herzen begriffen hat, daß allein die Natur unsere ewig gebende Nährmutter ist und nicht lediglich die Kulisse, vor deren Hintergrund sich unser Leben eingebunden in abertausend zwischenmenschliche Wichtigtuereien vollzieht, der wird von selbst und ohne »Gebrauchsanweisungen« darum bemüht sein, nach Wegen zu suchen, sich und allen Nachfolgenden den Garten Eden zu erhalten.

Vor allem diese emotionale Bindung an das Lebendige aber muß in unserer naturentfremdeten zivilisierten Welt weit mehr als in früheren Zeiten durch Erziehung angebahnt werden. Hier wären Kindergärten und Schulen, die ja von ihrer Aufgabenstellung her Institutionen für die Zukunft sein sollten, besonders herausgefordert.

Artenschutz allein genügt nicht

Die bisher angesprochenen Maßnahmen zum Schutz der Arten werden bei weitem noch nicht ausreichen, das Leben auf der Erde in seiner ganzen Vielfalt zu erhalten. Hier ist noch eine ganze Reihe von gewaltigen weitergehenden Anstrengungen notwendig, die auf den ersten Blick keinen direkten Zusammenhang mit dem Artensterben erkennen lassen. Es sind dies die drastische Reduzierung des industriellen Outputs der hochzivilisierten Staaten *und* die Eindämmung der Bevölkerungsexplosion vor allem in den Ländern der Dritten Welt sowie in verschiedenen Industrienationen.

In beiden Fällen handelt es sich um die vielleicht schwerwiegendsten Probleme, mit denen sich die Menschheit schon heute, verstärkt aber in nächster Zukunft konfrontiert sieht. Gelingt es nicht, das darin liegende Gefahrenpotential für unseren Planeten entscheidend zu entschärfen, werden alle anderen Bemühungen zur Erhaltung der Ökosysteme wie auch zur Erhaltung der

Menschheit selbst schneller als wir annehmen zum Scheitern verurteilt sein, ganz abgesehen davon, daß diese Probleme schon heute eine zusätzliche ernste Bedrohung für den Weltfrieden in sich bergen.

Wie im vierten Kapitel ausgeführt, ist die Vielfalt des Lebens und der Arten nicht nur durch die Rodung von Wäldern, die Zerstörung von Landschaften und Lebensräumen, durch Verwüstung und Monokulturen, durch Jagd oder Fang, also durch direkte Eingriffe des Menschen in die Ökosysteme bedroht, sondern in ebenso gefährlichen Dimensionen durch die Vergiftung der Pulsadern des Lebens - Wasser, Luft, Boden.

Wir leiten ungeheure Mengen von Chemikalien in Flüsse und Meere ein, blasen giftige Gase in die Luft, verfüllen Erdlöcher, Gruben und Gräben mit Schadstoffen und lebensbedrohlichen Materialien, deponieren Gifte im Boden oder bringen sie gegen Schädlinge auf den Feldern und Fluren aus. Von dort aus gelangen diese Stoffe in die Organismen der Lebewesen und reichern sich auf den Schienen ihrer Lebens- und Nahrungsketten exponentiell an. Viele Mikroorganismen und vor allem auch höhere Lebewesen fallen diesen Giften zum Opfer. So können sich beispielsweise unzählige Vogelarten infolge der Giftanreicherung durch ihre Nahrung nicht mehr vermehren und sterben aus.

Wasser und Luft werden permanent mit gigantischen Giftmengen injiziert. In den Bahnen ihrer weltumspannenden Kreislaufsysteme erreichen diese Gifte selbst die entlegensten Winkel der Erde. Sie machen weder vor den Grenzen der Staaten noch vor denen von Reservaten und Naturschutzgebieten, Kontinenten oder Meeren halt. Selbst die polaren Eiskappen der Erde sind von der Luftverschmutzung betroffen. Auf dem ganzen Erdball gibt es wohl keinen Quadratzentimeter mehr, der nicht schon längst vom unheilvollen Output moderner Industrien in irgendeiner Form kontaminiert wäre.

Will man das weltweite Artensterben wenigstens verlangsamen - an ein Stoppen ist überhaupt nicht zu denken -, genügt es nicht, Reservate auszuweisen, Landschaften zu renaturieren und vielfältige Schutzvorkehrungen in der freien Natur zu treffen. Ebenso wichtig ist es, die Vergiftung unserer Umwelt umgehend zu beenden. Hier sind es vor allem vier grundlegende Aufgaben, die die Menschheit langfristig, aber gewiß in gebotener Eile und ohne Zeitverzug zu bewältigen hat:

1. Das Einbringen von nicht abbaubaren, giftigen, lebensfeindlichen und umweltunverträglichen Schadstoffen und Chemikalien in die Kreislaufsysteme der Natur (Wasser, Luft und Boden) muß schnellstmöglich vollkommen beendet werden. Wenn man das Überleben der Menschheit nicht eben nur für die nächsten zwei oder drei Generationen, sondern für eine nicht endlich gedachte Zukunft im Blick hat, dann kann es nicht lediglich um die Einhaltung irgendwelcher, meist ohnehin mit Rücksichten auf die Interessen der Industrie festgesetzter Grenzwerte gehen. Hier müssen ohne Wenn und Aber Nullösungen angestrebt werden.

Vor allem im Hinblick auf die bereits ausgebrachten Giftmengen genügen die Zugeständnisse von Grenzwerten nicht mehr. Das Ziel kann nur in der Entwicklung von geschlossenen Produktions- und Betriebssystemen liegen, in denen keinerlei naturschädlicher Output anfällt. Dies gilt nicht nur für die Bereiche der industriellen Produktion und der Landwirtschaft, sondern beispielsweise auch für den Bereich des Wohnens.

2. Wir müssen Programme entwickeln, um die bisher in die Natur eingebrachten Mengen von nicht abbaubaren Giften und Chemikalien, die sogenannten Altlasten, weitestgehend wieder aus der Biosphäre auszufällen und unschädlich zu deponieren.

Wie ungeheuer schwierig diese Aufgabe allerdings sein dürfte und wie begrenzt unsere Möglichkeiten in dieser Richtung sind, wird sichtbar, wenn man sich die Dimensionen der gegenwärtigen Umweltvergiftung vor Augen hält:

Allein in der Bundesrepublik werden rund 60000 synthetische und hochgiftige Stoffe laufend verarbeitet und deshalb auch tonnenweise produziert. Auf nur etwa 100 dieser Verbindungen aber wird unser Wasser »regelmäßig« (d.h. oft nur einmal im Jahr) untersucht. Halbwegs greifende Kontrollen würden Tausende von hochqualifizierten Arbeitskräften erfordern.

Rund fünf Pfund Chemikalien pro Jahr nehmen wir nach Berechnungen der *Food and Drug Administration* allein mit der Nahrung auf. 60 bis 90 Prozent aller Krebserkrankungen werden nach Schätzungen der Weltgesundheitsorganisation durch chemische Substanzen ausgelöst. Allein der Bleigehalt der Meere hat sich in den letzten Jahrzehnten verfünfzigfacht. Die von allen Industrienationen in die Meere eingebrachten Mengen an Schadstoffen werden auch noch in Jahrtausenden - und selbst in Zeiten, in denen es keine Menschen mehr auf der Erde geben wird - verändernd in die marinen Ökosysteme einwirken und nicht ohne Einfluß auf das Leben und den Fortgang der Evolution auf dem Lande bleiben.

3. Jede Freisetzung von Radioaktivität muß umgehend gestoppt werden. Dies wird nur möglich sein, wenn wir unsere ganze Kraft darauf konzentrieren, alsbald sowohl aus der waffentechnischen als auch aus allen Bereichen der »friedlichen« Nutzung der Kernenergie auszusteigen.

4. Insgesamt werden sich sowohl der einzelne Mensch als auch die Gesellschaften und Staaten früher oder später darum bemühen müssen, Lebensnormen in ihre Zivilisationen hineinzubauen, die man mit dem Begriff des »ökologischen Imperativs« umschreiben könnte und die viele Naturvölker in der Vergangenheit bis hinein in unsere Gegenwart erfolgreich praktiziert haben: Lebe so, daß sich dein Lebenslauf nach deinen Erkenntnissen ohne bleibende Schädigungen für die Natur, ihre Ökosysteme und ihre Artenvielfalt vollzieht, und daß die Erde keinen Schaden nähme, wenn alle Menschen und Gesellschaften so leben würden.

Ohne Zweifel sind die hier sehr kurz zusammengefaßten Postulate romantische Utopien, und so mancher, der sich - mit Skepsis vielleicht - die Mühe gemacht hat, dieses Buch bis hierher zu lesen, wird nun getrost die Lektüre beenden. Derjenige jedoch, der diese Forderungen als utopisch und irreal abtut, muß in konsequenter Anwendung der Naturgesetze selbstkritisch auch zu der Erkenntnis bereit sein, daß in jedem anderen Falle auf lange Sicht der Selbstmord der Menschheit beschlossene Sache ist. Zu der oben skizzierten romantischen Utopie gibt es nämlich keine wie auch immer geartete Alternative.

Ist aber - so sollte man sich einmal ganz unvoreingenommen fragen - das zur Diskussion gestellte Programm wirklich so abenteuerlich? Liegt die uns gestellte Herausforderung tatsächlich außerhalb unserer Möglichkeiten? Bringt sie uns - wie immer wieder hartnäckig vertreten wird - in der Realisierung um Wohlstand, Lebensqualität und viele wichtige Errungenschaften unserer Zivilisation?

Die in der umfangreichen einschlägigen Literatur bereits geleistete kritische Auseinandersetzung mit diesen Fragen zeigt, daß wir bei einer beherzten Annahme der Herausforderungen unserer Zeit nur gewinnen können. Zumindest in seinen wesentlichen Punkten wäre die Realisierung eines solchen ökologischen Weltprogramms, verglichen mit den politischen, wirtschaftlichen, technischen und wissenschaftlichen Anstrengungen, die es die Amerikaner gekostet hat, einen Mann zum Mond zu schicken oder den Zweiten Weltkrieg zu gewinnen, relativ gering. Bezogen auf die Werte, die wir dadurch *alle* wieder neu gewinnen würden, wäre es gar eine Kleinigkeit.

Das Problem liegt vermutlich in der individuellen Psyche des Menschen und in den psychischen Mechanismen in Massendemokratien. Wir müßten uns individuell und politisch *für* die Zukunft entscheiden. Aber welchen Wert hat schon unsere Zukunft? Was bedeutet für uns die Gefahr des leidvollen Krebstodes, solange wir noch gesund sind? Gemessen an den »wahren« Dingen des Lebens, - »Nationalprestige«, »Fortschritt«, »Wohlstand«, »Alltagskurzweil« und zumindest »imaginäre Freiheit« - bedeutet selbst die eigene individuelle Zukunft ganz offensichtlich nichts.

Noch sind die Dimensionen unserer Bedrohung zu gering beziehungsweise noch zu wenig deutlich sichtbar. Noch ist keine Zeit zum Innehalten, noch lassen wir uns von den anderen Besorgungen des Lebens restlos vereinnahmen. Noch ist uns alles andere auf der Welt zu wichtig. Und wo hätte schon jemals ein Mensch gezögert, ein Gänseblümchen zu zertreten, wenn er auf dem Weg zu einer »wichtigen« Sache war?

Und trotzdem: früher oder später wird die Menschheit um ihrer Selbsterhaltung willen die notwendigen Wege einschlagen müssen. Zu fragen bleibt allerdings, ob der Umweg über unvorstellbare Katastrophen und unsagbares Leid tatsächlich notwendig ist; um wie viele Arten die Welt dann verarmt sein wird und ob die Zahl der noch verbleibenden Arten zur Fortexistenz der Menschheit ausreichen wird. Die Zeit wird ihre Antworten finden. Zu befürchten bleibt jedoch, daß sie sehr schmerzlich ausfallen werden.

Am Ende der Altsteinzeit lebten auf der Erde schätzungsweise eine Million Menschen. Um Christi Geburt waren es 200 bis 250 Millionen. Im Jahre 1650 umfaßte die Erdbevölkerung etwa 500 Millionen Menschen, bis 1900 war sie bereits auf 1,6 Milliarden angewachsen und inzwischen wurde vermutlich die Fünf-Milliarden-Grenze erreicht.

Bis zum Jahr 2000 muß mit einem Weltbevölkerungsanstieg bis auf 7 Milliarden Menschen gerechnet werden und im Jahre 2025, einem Zukunftszeitpunkt, den wir sicherlich noch unserem Zeitgeschehen zurechnen müssen, werden es nach vorsichtigen Schätzungen 8,1 Milliarden Menschen sein.

Mit dem Wachstum der Erdbevölkerung verhält es sich ähnlich wie mit verschiedenen anderen Umweltproblemen: Ohne daß wir es zu Hause im eigenen Lebensumfeld überhaupt wahrnehmen, steuern wir einer Katastrophe entgegen, die möglicherweise alles in Frage stellen wird, was die Menschheit in ihrer bisherigen Geschichte an bedeutenden Kulturleistungen und Zivilisationserrungenschaften hervorgebracht hat.

»Ursprünglich hatte der Zweibeiner Mühe, seine Art auf Erden zu erhalten. Die Menschheit nahm nur langsam zu. Heute leben alle zwei Sekunden fünf Menschen mehr auf Erden als vorher, alle Stunde 9000. Jeden Tag, wenn die Sonne sinkt, gibt es 215000

Menschen mehr auf der Welt als am vorausgegangenen Abend«, schreibt Claus Jacobi in seinem Buch mit dem durchaus optimistischen Titel *Uns bleiben 100 Jahre.* Und er fährt fort: »Einst verstrichen 800 Jahre – von Jesus Christus bis Karl dem Großen – ehe die Menschheit um 50 Millionen Exemplare zugenommen hatte. Heute geschieht das gleiche in acht Monaten. Einst dauerte es 100000 Jahre, bis die Menschheit ihre erste Milliarde erreicht hatte. Bis zur zweiten waren es nur noch 120 Jahre. Bis zur dritten 32 Jahre. Und bis zur vierten 15 Jahre . . .«[18] Wir sprechen deshalb heute mit Recht von einer Bevölkerungsexplosion. Diese stellt die Menschheit vor schwerwiegende Probleme.

Jeder Mensch benötigt für eine ausreichende Ernährung etwa 0,4 ha Landfläche. Die landwirtschaftlich nutzbare Fläche der Erde schätzt man auf 3,2 Milliarden ha (auch Gebiete eingerechnet, die kaum nutzbar sind). Die Hälfte der Fläche wird zur Zeit wirklich genutzt. Aber selbst bei Ausnutzung aller möglichen Flächen wären im Jahr 2000 bei den zu erwartenden 7 Milliarden Menschen die 0,4 ha Fläche pro Kopf nicht mehr gegeben.

Soweit zu den Zahlenspielen. Sie wurden und werden immer wieder angezweifelt. Gegenrechnungen werden aufgestellt und neue Erkenntnisse lassen auch diese bald wieder revisionsbedürftig erscheinen. Darüber hinaus fallen die Prognosen zur Bevölkerungsentwicklung abhängig von ganz verschiedenen Berechnungsgrundlagen und je nach weltanschaulichen, religiösen oder politischen Standorten sehr unterschiedlich aus und geben auch von daher zu mehr oder weniger Optimismus oder Pessimismus Anlaß. In einem Punkt allerdings stimmen Berechnungen unzweifelhaft überein: Der Lebensraum Erde hat für uns Menschen Grenzen.

Die wesentlichste Begrenzung liegt in den nicht endlos ausdehnbaren Anbauflächen für unsere Ernährung; daneben braucht der Mensch aber auch Raum zur Besiedelung, für Industrie, Verkehr, Erholung usw. sowie zur Erhaltung der natürlichen Ressourcen.

Noch nie zuvor in der Geschichte der Menschheit lebten so viele Menschen in unfaßbarem Elend und Leid unter der Bedrohung des Verhungerns wie eben in unserer Zeit. Noch nie zuvor sind tatsächlich so viele Menschen in einer Art Regelzustand verhungert. Nach Schätzungen sind es jährlich 10 bis 20 Millionen.

Die von der Wissenschaft häufig gestellte, rein theoretische Frage, wie viele Menschen die Erde unter optimal erreichbaren Verteilungsbedingungen ernähren könnte, macht unter den heutigen Bedingungen keinen Sinn und ist sogar gefährlich. Derartige Zahlenspiele dienen allenfalls Politikern als Alibi für ihre Untätigkeit und lenken von der realen Verantwortung ab. Wichtiger ist die realistische Auseinandersetzung mit der Tatsache, daß die Erde schon heute unter Berücksichtigung der politischen und ökologischen Gesamtsituation hoffnungslos übervölkert ist. Dies nicht nur in den Ländern der Dritten Welt, in denen die Bevölkerung am stärksten zunimmt, sondern auch in vielen Industrienationen.

»Üblicherweise wird zwar immer wieder behauptet, Europa sei nicht übervölkert. Nichteingeweihte führen häufig die Niederlande mit ihrer Wohlhabenheit und ihrer Bevölkerungsdichte von etwa 900 Menschen pro Quadratmeile an, um diesen Punkt zu ›beweisen‹. In der wissenschaftlichen Diskussion wird dies der ›Niederlande-Trugschluß‹ genannt. Der wesentliche Punkt ist dabei, daß Europa im ganzen und die Niederlande im besonderen solche hohen Bevölkerungsdichten nur deshalb aufrecht erhalten können, weil dies der Rest der Welt nicht kann. Bei den Pro-Kopf-Einfuhren von Protein kommt Holland gleich nach Dänemark, das die Spitzenstellung einnimmt; und auch andere Stoffe, die für seine Existenz wichtig sind, holt sich Holland aus aller Herren Länder.«[19]

Übervölkert ist Europa auch im Hinblick auf seine hochspezialisierte Landwirtschaft. In einem überentwickelten Intensivbewirtschaftungssystem produzieren die europäischen Bauern gegenwärtig zwar gigantische Überschüsse, diese werden aber um den Preis einer hohen Chemie- und Energieabhängigkeit und mit der Einfuhr von Futtermitteln aus anderen Ländern erkauft. Wäre Europa ganz auf sich selbst angewiesen, würde sein landwirtschaftliches System sehr schnell in sich zusammenbrechen, und früher oder später wird es dies sogar mit den Einfuhren von Übersee, weil der ungehemmten Bodenauspowerung von der Natur Grenzen gesetzt sind. Das europäische Ernährungspotential wird sich in durchaus absehbarer Zeit als Folge von Bodenerosion und Zerstörung der mikroorganischen Ökosysteme der Humusschichten insbesondere durch Intensivbewirtschaftung und »Sauren Regen« drastisch verringern.

Insofern als die verschiedensten Welternährungsberechnungen auf Landwirtschaftssystemen beruhen, die den europäischen vergleichbar sind, hat dieser Einwand natürlich auch für sie zu gelten. Weltweit gesehen sind die Grenzen der Nahrungsmittelproduktion vermutlich längst erreicht. Alle Versuche, die Produktion regional zu steigern, führen zu zusätzlicher Umweltzerstörung, was langfristig wiederum ein Sinken der Nahrungsproduktivität zur Folge hat.

Der Zusammenhang zwischen Bevölkerung, Nahrungsmittelproduktion und Umweltkrise (Bevölkerungs-Nahrungs-Umweltkrise), wie ihn Paul Ehrlich in diesem Zitat andeutet, wird verständlich, wenn man sich nochmals vor Augen hält, daß der Mensch langfristig auf der Erde nur reelle Überlebenschancen hat, wenn er diese auch der tierischen und pflanzlichen Artenvielfalt einräumt. Und dies kann er nur, wenn er sich seinen Lebensraum mit den Lebensräumen der Arten teilt. Er kann also nicht alle verfügbaren Flächen, die sich für eine landwirtschaftliche Nutzung eignen, auch dafür verwenden. Eine wachsende Weltbevölkerung aber wird den Druck auf die noch verbliebenen geringen Schonräume für die Arten weit mehr verstärken, als dies bisher schon der Fall ist. Der Mensch verdrängt – angetrieben von der Kraft des Hungers – zunächst die Arten durch sein unaufhaltsames Vordringen in die restlichen natürlichen Refugien der Erde. Und damit letztlich sich selbst.

Die Menschen brauchen zum Leben aber nicht nur Nahrung. Sie haben auch andere Bedürfnisse: genügend Kleidung, Wohnung, gute medizinische Fürsorge, geeignete Bildungsmöglichkeiten, Arbeit und Selbstverwirklichung, Freizeit, Reisen und Erholung. Wir dürfen nicht verkennen, daß heute nur wenige

Privilegierte in den Industrienationen diese für uns so selbstverständlichen Bedürfnisse auch tatsächlich befriedigen können, und dies zum großen Teil auf Kosten der Menschen in den ärmsten Staaten. Man muß sich nur vorstellen, wie weit wir die Grenzen der Möglichkeiten unseres Planeten überschritten hätten, wenn wir den jährlichen Skitrip oder die Flugreise nach Gran Canaria, Madeira, zu den Malediven oder Seychellen nicht nur uns »Privilegierten«, sondern allen Menschen der Erde zugestehen würden.

Wie groß unsere Anstrengungen sein müßten, die Situation auf der Erde für *alle* menschenwürdig zu gestalten, skizziert Claus Jacobi in einer regelrechten Untergangsvision: »Selbst die optimistischen Prognosen der UNO, die für die nächsten 100 Jahre von sinkenden Zuwachsraten der Weltbevölkerung ausgehen, sehen eine Verdoppelung der Menschheit in 65 Jahren vor. Das aber heißt im Prinzip (Innovationen nicht berücksichtigt): In 65 Jahren wird die Menschheit ihren Besitzstand verdoppeln müssen, um nicht schlechter dazustehen als heute, nicht ärmer, nicht hungriger, nicht elender.«[20] Eine Verdoppelung des gegenwärtigen Besitzstandes aber, so folgert Claus Jacobi, bedeutet zwangsläufig auch eine Verdoppelung von industrieller Produktion, von Energieproduktion, von Verkehrsaufkommen und Infrastruktursystemen, Siedlungs-, Freizeit- und Erholungsräumen sowie landwirtschaftlicher Produktion. Es bedeutet unabwendbar mindestens eine Verdoppelung, wenn nicht gar eine exponentielle Steigerung der gegenwärtigen Bedrohungspotentiale für unsere Umwelt und für die Arten. Darüber hinaus erhöht das rasante Bevölkerungswachstum auch die Wahrscheinlichkeit weltweiter Epidemien und thermonuklearer Kriege.

Für uns in Deutschland bestehen alle diese Probleme ganz offensichtlich nicht. Wir kennen sie nur vom Hörensagen. Gleichzeitig vernehmen wir aus dem Munde von verschiedenen Politikern im eigenen Lande die panische Feststellung, daß die Deutschen aussterben werden. In Wirklichkeit schrumpfen wir uns nur ein kleines bißchen gesund. (In der Bundesrepublik leben zur Zeit 245 Menschen auf einem Quadratkilometer, in Frankreich dagegen sind es 101 Einwohner pro Quadratkilometer.)

Wir scheinen die drängenden Probleme der Bevölkerungsexplosion - wenn sie über die Medien an uns herangetragen werden - noch immer zu verdrängen, vermutlich deshalb, weil wir sie ohnehin für unlösbar halten. Andererseits erweisen sich aber gerade eingefahrene Denktraditionen, Desinformiertheit, biologische, moralische und kirchliche Widerstände als wachsende Bollwerke gegen jeden auch noch so kleinen Erfolg auf dem Gebiet der Bevölkerungspolitik und Geburtenkontrolle. Gelingt es aber nicht, gegenüber dem Problem der Bevölkerungsexplosion schnellstmöglich greifende Lösungsperspektiven zu entwickeln, werden alle anderen Probleme der Menschheit unlösbar bleiben.

Bis heute sind solche greifenden Lösungsperspektiven noch nirgendwo zu erkennen.

Aufgaben von Staat und Gesellschaft

Artenschutz ist keineswegs lediglich eine Aufgabe für Idealisten, für einzelne Naturschützer oder Naturschutzverbände und -organisationen. Hier sind Staat und Gesellschaft insgesamt zu raschem und entschlossenem Handeln herausgefordert. Im Zielkonflikt zwischen politischen, militärischen, wirtschaftlichen und gesellschaftlichen Interessen war die Natur bisher meistens ohne wirkungsvolle Lobby, und sie ist es auch heute noch. Die zu ihrem Schutz geschaffenen Rechtsnormen wurden und werden schon beinahe in aller Regel schlichtweg ignoriert. Was letztlich von der Natur übrigbleibt, zerstört oft genug erschreckender Mangel an Sachverstand bei den verantwortlichen Entscheidungsträgern.

Daran hat sich zumindest bisher trotz verstärkter öffentlicher Umweltdiskussion nichts Wesentliches geändert. Will man aber bei dieser Ausgangslage in der Umsetzung der Ziele des Artenschutzes auch nur Millimeter vorankommen, dann müssen grundlegende Wandlungen im Informationsstand und im Rechtsbewußtsein unserer Politiker und unserer Administrationsapparate erreicht und entscheidende politische Prioritäten und Zielvorgaben verändert werden. Darüber hinaus wird es darauf ankommen, daß sich die Behörden in der Anwendung und im Vollzug bestehender Rechtsnormen zum Naturschutz endlich an rechtsstaatlichen Prinzipien orientieren und eventuelle rechtsbeugende Praktiken von Grund auf revidieren.

Diese Wandlungen können in demokratischen Gesellschaften aber nur dann stattfinden, wenn sie vorher der einzelne Bürger für sich mit Hirn, Herz und Hand vollzogen hat. Hier ist vor allem die Hilfestellung der Bildungseinrichtungen und Schulen gefragt. In unserem Bildungssystem sind neue Denkansätze und veränderte pädagogische Konzeptionen unverzichtbar, wenn auch noch nicht in Sicht. Denn schließlich spiegelt die gegenwärtige desolate Umweltsituation ja nicht zuletzt auch ein Versagen der schulischen Erziehung in den vergangenen Jahrzehnten wider.

Der erste und wichtigste Schritt zum Schutz unserer Umwelt und damit der Vielfalt der Arten der Natur scheint zunächst mit der Umweltproblematik überhaupt nicht im Zusammenhang zu stehen. Vielmehr zielt er auf ein generelles Zeitproblem unserer Republik ab: die Demontage des freiheitlich-demokratischen Rechtsstaates durch die Politik. Protektionismus, Parteien- und Wirtschaftskorruption, Amtsverfilzung, Vetterleswirtschaft, Rechtsmißachtung und rechtswidrige Vorteilserschleichung haben in Politik, Administration und Gesellschaft beängstigende Dimensionen angenommen. Dies nicht etwa nur auf den parlamentarischen Ebenen parteipolitischer Auseinandersetzungen, sondern auch in vielen anderen Bereichen bis hinunter zur kommunalen Politik.

Diese bedauerliche Entwicklung zeigt sich am Problemfeld des Umweltschutzes besonders deutlich. Einerseits gehört die Bundesrepublik im Weltvergleich zu den Ländern mit den besten Umweltgesetzen - abgesehen von zahlreichen wohl immer revisionsbedürftigen Grenzwertfestlegungen -, andererseits aber zugleich zu den Ländern mit der wohl desolatesten Umweltsituation.[21]

Stellvertretend für die unzähligen skandalösen Entwicklungen soll in diesem Zusammenhang lediglich auf die Spitze des Eisberges, den bevorstehenden Kollaps der Alpenregionen, die Verschmutzung und Vergiftung der Nordsee, die Verschiebepraktiken bei atomarem Abfall oder die zahlreichen Hilflosigkeiten bei der Müllentsorgung hingewiesen werden.

Vielleicht ist durch die Vielzahl der Ereignisse unser Gewöhnungsprozeß an die allgemeinen Umweltzerstörungn schon so weit fortgeschritten und möglicherweise sind wir durch die Alltäglichkeit unzähliger Skandale bereits so abgestumpft und desensibilisiert, daß wir die politische Leichtfertigkeit unserer Regierenden im Umgang mit der Umwelt und den nicht selten von mangelndem Sachverstand und zu wenig geschärftem Verantwortungsbewußtsein getragenen Gesetzesvollzug durch die Administration zu großzügig tolerieren. Dabei müßten uns gerade die unzulänglichen Vollzugspraktiken auf dem Gebiet des Natur- und Umweltschutzes eindringlich mahnend vergegenwärtigen, wie sehr wir uns bereits in die Gefahr verstrickt haben, uns von den einstmals durchaus hochgeachteten Prinzipien des freiheitlich-demokratischen Rechtsstaates zu entfernen. Der erste und wichtigste Schritt zum Schutz unserer Umwelt – und dies ist eine keineswegs überzogene Forderung – liegt daher in unserer Neubesinnung auf die Prinzipien des freiheitlich-demokratischen Rechtsstaates und deren Umsetzung und Ausformung in den Realitäten des Alltags.

Tatsächlich gibt es in der Bundesrepublik kaum einen Landkreis, in dem hinsichtlich der Abwässer, der Müll- und der Sondermüllbeseitigung, hinsichtlich der Luftreinhaltevorschriften oder vieler anderer Umweltprobleme absolut lückenlos nach Recht und Gesetz verfahren wird. Dies meist nicht aus böser Absicht, sondern häufig aus Hilflosigkeit, aus Etatgründen, aus Rücksicht auf Industrie und Vollbeschäftigung und nicht zuletzt auch aus hoffnungsloser Fehleinschätzung des Gefahrenpotentials für die Bevölkerung und die Natur.

Ähnlich ist die Situation bei der Zulassungsprüfung von industriellen und landwirtschaftlichen Produkten. Gerade hier wären wichtige Schaltstellen, um verschiedene Umweltprobleme erst gar nicht entstehen zu lassen. Leider aber müssen wir hier ständig erleben, daß vor allem die enge Verflochtenheit von Wirtschaft und Politik Produktionsverbote selbst für hochgefährliche Produkte verhindert beziehungsweise unnötig in die Länge zieht - auf Kosten von Leben und Gesundheit der einzelnen Bürger und trotz anderslautender verfassungsmäßiger Garantien für jedermann.

Der Minotauruseffekt

König Minos war einer der beiden mächtigen und weisen Söhne des Zeus und der Europa. Der Sohn Minos, Androgeos, war, wie die Sage ging, im attischen Gebirge durch Hinterlist getötet worden. Dafür hatte sein Vater die Einwohner mit einem vernichtenden Kriege heimgesucht, und die Götter selbst hatten das Land durch Dürre und Seuchen verwüstet. Da tat das Orakel Apollons den Spruch, der Zorn der Götter und die Leiden der Athener würden aufhören, wenn sie den Minos besänftigen und seine Verzeihung erlangen könnten. Hierauf hatten sich die Athener mit Bitten an ihn gewandt und Frieden erhalten unter der Bedingung, daß sie alle neun Jahre sieben Jünglinge und sieben Jungfrauen als Tribut nach Kreta zu schicken hätten. Diese sollen dort von Minos in sein berühmtes Labyrinth eingeschlossen worden sein, und dort habe sie, erzählt man, der gräßliche Minotaurus, ein Ungeheuer von abscheulicher Herkunft, halb Mensch und halb Stier, getötet oder auf andere Weise verschmachten lassen.[22]

Menschenopfer also zur Abwendung von Krieg, Dürre, Not und Seuchen! Daß Menschen dazu fähig sein sollten, erscheint uns heute in unserer humanen Gesellschaft unvorstellbar und eben nur in ferner geschichtlicher Vergangenheit bei weniger zivilisierten Völkern oder in religiös verblendeten Kulturen möglich. Daß man im Griechenland des Altertums zumindest der

Sage nach Menschen geopfert haben soll, verwundert uns, denn schließlich gilt das antike Griechenland – die Wiege unserer Kultur und Zivilisation – als eine der entscheidenden Wurzeln unserer Humanitätsvorstellungen.

Und doch haben die Menschen zu allen Zeiten ihrer Geschichte leichtfertig und oft genug ohne große Gewissensskrupel in Kriegen und Revolutionen, zur Errichtung und Sicherung von Herrschaftssystemen, im Zeichen religiösen oder ideologischen Fanatismus oder zur Durchsetzung wirtschaftlicher Interessen immer wieder Menschen in großer Zahl ausgebeutet, versklavt und schließlich auch geopfert. Sie wurden in Schlachten zerfetzt oder schrecklich verstümmelt, als politisch Verfolgte grausamsten Folterungen unterzogen, in triumphalen Volksfesten verbrannt oder in Kerkerlöchern ihrem Schicksal überlassen. Ganze Generationen von Völkern wurden vermeintlich größerer Ziele wegen in Leibeigenschaft gehalten oder in Armut, Elend und Sklaverei getrieben und mußten ihr Leben in Hunger, Krankheit und Leid den Interessen der Mächtigen opfern.

Erst in der Geschichte der Neuzeit wurde nach endlosen leidvollen Erfahrungen zunächst in der amerikanischen Unabhängigkeitserklärung vom 4. Juli 1776 die Unantastbarkeit des Lebens eines jeden Menschen als grundlegendes sittliches Gebot für staatliche Rechtsordnung formuliert: »Wir halten diese Wahrheiten für selbstverständlich, daß alle Menschen gleich geschaffen sind, und daß sie von ihrem Schöpfer ausgestattet wurden mit bestimmten unveräußerlichen Rechten. Zu diesen gehören das Recht auf Leben und Freiheit und das Streben nach Glück.«

Auch in Deutschland wurde das für uns heute so selbstverständliche Recht, überhaupt und auch unversehrt leben zu dürfen, als grundlegendes Menschenrecht in diesem Jahrhundert zuerst in der Weimarer Verfassung und später nach den Schrekkensjahren des Dritten Reiches in der Verfassung unserer Republik, dem Grundgesetz der Bundesrepublik Deutschland sowie in allen Länderverfassungen festgeschrieben. Der Artikel 2 Absatz 2 unseres Grundgesetzes legt ausdrücklich fest: »Jeder hat das Recht auf Leben und körperliche Unversehrtheit . . .«

Seit dieser Zeit stehen das Leben und die Gesundheit des einzelnen Menschen bei uns nicht mehr zur Disposition. Tatsächlich glauben wir auch, daß es in unserer heutigen von Humanität geprägten Gesellschaft undenkbar wäre, daß Menschenleben, ähnlich wie zur Zeit des König Minos, für welche Ziele auch immer geopfert würden.

Wie weit es aber um diesen auf dem geduldigen Papier unseres Grundgesetzes festgelegten Lebens- und Unversehrtheitsschutz des einzelnen Menschen tatsächlich bestellt ist, können gerade die verschiedensten Analysen zur ökologischen Situation unseres Landes eindrucksvoll belegen. Danach scheinen Gesetzgeber, Administration und Rechtsprechung nicht eben kleinlich in der Auslegung dieses jedermann zu gewährleistenden Grundrechts zu sein.

So werden Hunderte von Stoffen, deren erbschädigende oder krebserrengende Wirkung grundsätzlich nachgewiesen ist, aus Gründen der Unzumutbarkeit gegenüber der Industrie nicht aus dem Verkehr gezogen.

Millionen von Menschen werden durch die Versorgung mit unzulänglich gereinigtem Trinkwasser einem gar nicht abschätzbaren Gesundheitsrisiko ausgesetzt. Schon seit mehreren Jahren kann nicht mehr ein einziges der am Rhein gelegenen Wasserwerke die von der Europäischen Gemeinschaft festgelegten - und aller Wahrscheinlichkeit nach ohnehin zu hoch angesetzten - Schadstoffgrenzwerte einhalten.[23]

Die Sterblichkeit älterer Bürger liegt nach einer Meldung des Statistischen Landesamtes Berlin nach Wintertagen mit hoher Luftverschmutzung um fast 15 Prozent über der an Tagen mit niedrigeren SO_2-Werten. Am Schwefeldioxidgehalt liegt es offenbar auch, daß Westdeutschland bezogen auf die Bevölkerungszahl eine der höchsten Krebsraten der Welt hat. Pro Jahr werden in der Bundesrepublik, bei steigender Tendenz, mehr als 150000 Krebstote gemeldet; bei Kindern ist Krebs, nach Verkehrsunfällen, die zweithäufigste Todesursache. In der Gruppe der über fünfzigjährigen Westdeutschen leiden 10000 bis 100000 Personen an eindeutig cadmiumbedingten Nierenfunktionsstörungen.[24]

Bereitwillig werden alle Bürger der Republik einem in seinen Auswirkungen auf die menschliche Gesundheit gar nicht abschätzbaren »Restrisiko« durch das Betreiben von Kernkraftwerken ausgesetzt. Dieses »Restrisiko« könnte im Falle eines »größten anzunehmenden Unfalls« immerhin zu einem Existenzrisiko für das gesamte Volk werden.

In der Produktion von Nahrungsmitteln werden vom Gesetzgeber und von den Behörden Giftrückstandsmengen toleriert, die gesundheitlich bedenklich und sogar nachweislich gesundheitsschädlich sind.

Auch in der Einstellung des einzelnen Bürgers zu seiner Gesundheit fördern verschiedene staatliche Institutionen eine Haltung der Sorglosigkeit, in dem sie die tatsächlichen Gesundheits- und Todesrisiken, die allein schon in den Grundnahrungsmitteln liegen, in wahrhaft propagandistischen Kampagnen herunterspielen, die Möglichkeiten der Eigeninformation durch juristische Winkelzüge unzumutbar erschweren, Informationen zurückhalten oder geschönt veröffentlichen.

Alle diese Gefahren und Bedrohungen gegenüber dem Leben des einzelnen und die dadurch in wachsender Zahl hervorgerufenen schwerwiegenden Beeinträchtigungen werden den Bürgern auferlegt, nicht etwa, um – wie bei König Minos – Kriege, Seuchen und Hungersnöte, ernste Gefahren also, abzuwenden, sondern als der angeblich unvermeidbare Preis für Wachstum, Wohlstand, Fortschritt oder Vollbeschäftigung. Dabei sind die oben aufgezählten Bedrohungen für Leib und Leben nur ein winzig kleiner Ausschnitt aus einer bändefüllenden Palette.

Sieben Jünglinge und sieben Jungfrauen alle neun Jahre, das wäre allein angesichts der derzeitigen Krebssterblichkeit bei Kleinkindern ein zwar unmoralischer, aber für heutige Verhältnisse geradezu lächerlicher Preis. Die Zeit eines König Minos nimmt sich verglichen mit der Zahl der Opfer unserer Gesellschaftssysteme als ein wahrhaft menschliches Zeitalter aus, so schrecklich sich die Sage auch liest. Wir opfern heute nämlich im großen Stil und brauchen den Vergleich mit kaum einer historischen Vergangenheit zu scheuen, vor allem wenn wir noch mit in die Betrachtung einbeziehen, mit welch unvorstellbarem Hunger, Leid und Elend wir die Völker der Dritten Welt aus reiner Profitgier überziehen und verelenden.

Was bleibt, ist die eindringliche Frage an unsere politischen Mandatsträger und an viele der mit diesen Problemen befaßten Beamten des Staates, die ja bei ihrer Amtsübernahme einen Eid auf eben dieses Grundgesetz ablegen, wie es denn um ihr Verhältnis zur Gewalt steht.

Wenn man nämlich begreift, daß es eben auch eine leidverursachende und lebenzerstörende Gewalt gibt, die von den Rohren unserer Abwasserkanäle, von den Schornsteinen unserer Fabriken, von den Giftspritzen unserer Landwirte, von den Auspuffen unserer Autos und vom Output unserer Industrien ausgeht, dann wird zugleich auch deutlich, daß in den Parlamenten, an den Gerichten, in vielen Amtsstuben, Hörsälen und Schulstuben der Republik wohl viele Menschen sitzen, die täglich und stündlich und bei vielen Entscheidungen Anlaß hätten, ihr Verhältnis zur Gewalt neu zu überdenken. Würden sie sich in ihrer Amtsausübung mehr von den Maximen der Verantwortung gegenüber den Menschen und der Loyalität gegenüber dem Grundgesetz leiten lassen, könnten sie sich nicht auf so billige Weise aus der Affäre ziehen, wie es viele der ewig Gestrigen unserer Zeit tun.

Die radikale Neubesinnung auf Geist und Inhalt unseres Bonner Grundgesetzes und auf die hergebrachten staatsphilosophischen Prinzipien des freiheitlich-demokratischen Rechtsstaats wäre, wie die Dinge liegen, wohl die einzige und beste Alternative zur real existierenden Bundesrepublik Deutschland. Gleichzeitig wäre sie wegen der damit zwangsläufig einhergehenden Anwendung von prinzipiell tauglichen, wenn auch reformbedürftigen gesetzlichen Schutzbestimmungen ein erster bedeutsamer Schritt zu einem wirkungsvollen Schutz für unsere Umwelt, die Natur und die Vielfalt der Arten. Nicht zuletzt böte eine solche Neubesinnung auch neue Chancen für die Bemühungen, die zunehmend um sich greifende Destruktion der menschlichen Grundwerte in unserer Zivilisation einzudämmen.

Ausblick

> Zur Zeit sind die Zukunftsaussichten der Menschheit außerordentlich trübe. Sehr wahrscheinlich wird sie durch Kernwaffen schnell, aber durchaus nicht schmerzlos Selbstmord begehen. Auch wenn das nicht geschieht, droht ihr ein langsamer Tod durch die Vergiftung der Umwelt, in der und von der sie lebt. Selbst wenn sie ihrem blinden und unglaublich dummen Tun rechtzeitig Einhalt gebieten sollte, droht ihr ein allmählicher Abbau aller jener Eigenschaften und Leistungen, die ihr Menschtum ausmachen.
>
> *Konrad Lorenz*[1]

Die Menschheit steht heute vor einer ganzen Reihe existentieller Bedrohungen, die es in diesen Dimensionen in ihrer Geschichte noch nie vorher gegeben hat:

Der Friede in der Welt ist zerbrechlicher denn je, und die Schrecken eines zukünftigen, großen planetarischen Krieges würden alles übersteigen, was die Menschheit bisher an Leid erfahren mußte. Modernste, tückische Waffensysteme und Massenvernichtungsmittel rücken sogar eine atomare, biologische oder chemische Selbstauslöschung immer mehr in den Bereich des Möglichen.

Durch die stetig wachsende Weltbevölkerung könnten unsere geschichtlich gewordenen Zivilisationen und Kulturen vollkommen aus den Fugen geraten. Hunger, Not, Elend, Leid und unüberbrückbare soziale Gegensätze zwischen den Industrienationen und den Ländern der Dritten Welt werden mit größter Wahrscheinlichkeit alle Errungenschaften von Humanität, Recht, Gerechtigkeit und Freiheit als grundlegende Normen für gesellschaftliche Ordnungen wieder zunichte machen. Die bestehenden modernen, rechtsstaatlichen Gesellschaftssysteme sind in der

Gefahr, sich selbst in Frage zu stellen, sofern sie es nicht schon längst getan haben; ihr völliger Zusammenbruch scheint bei den zu erwartenden Wachstumsdimensionen unvermeidbar.

Nie zuvor in unserer Geschichte haben so viele Menschen in einer Art Regelzustand in Hunger, Armut und Elend gelebt. Nie zuvor sind Jahr für Jahr so viele Menschen tatsächlich verhungert. (Eigenartigerweise ist vermutlich auch noch nie zuvor so optimistisch über die ökologisch vertretbaren Grenzen der Weltbevölkerung spekuliert worden.) Sich ständig verschärfende Gegensätze zwischen einer Welt in maßlosem Überfluß und einer Welt in maßlosem Elend bauen sich auf und gefährden auf die Dauer zusätzlich den Weltfrieden.

Vorwiegend die Industrienationen zerstören die elementarsten Voraussetzungen für das Leben auf der Erde: Sie vergiften Luft, Wasser, Meere und Boden, verwandeln ausgedehnte Landstriche in Wüsten und Steppen, zerstören Naturlandschaften, Bergregionen, Inselparadiese, vernichten ausgedehnte Waldregionen - komplexe Lebensräume von ungezählten Arten und Naturvölkern - verändern die planetarischen Klimasysteme.

Daneben birgt das fortschreitende weltweite Artensterben, bisher über vielen anderen Problemen und Aufgaben der Politik kaum beachtet, nicht abschätzbare Risiken für die Zukunft: Die Ernährungsbasis der Menschheit schwindet dahin. Der Fortbestand der lebenswichtigen Ökosysteme sowie die gesamten, das Weltklima regulierenden Vegetationsgürtel der Erde erfahren durch die wachsende Ausdünnung des Artenspektrums nicht mehr rückgängig zu machende Schädigungen.

Jede dieser Bedrohungen beinhaltet für sich allein bereits das Potential für die existentielle Gefährdung der Menschheit. In ihrem wechselseitig sich verstärkenden, kombinierten Zusammenspiel aber bedeuten sie die Konstellation einer Zeitbombe. Sogar die Zeiteinstellung dieser Bombe können wir ermitteln, keineswegs nur vage, sondern einigermaßen genau. Mit größter Wahrscheinlichkeit werden schon unsere Kindeskinder die bemitleidenswerten Opfer unseres eigennützigen, gedankenlosen Umgangs mit der Natur und den Ressourcen der Erde sein. Wir sind buchstäblich dabei, unseren eigenen Holocaust zu programmieren.

Der Menschheit bleibt keine unbegrenzte Zeit mehr zur Umkehr und zur Lösung ihrer drängenden Existenzfragen. Rasches, mutiges, entschlossenes Handeln aller Menschen, Völker und Nationen wäre erforderlich. Jeder Aufschub heute bringt zusätzliche unlösbare Probleme morgen.

Die Menschheit müßte geeint und frei von nationalem Egoismus und von wirtschaftlicher und politischer Rivalität der Systeme allergewaltigste Anstrengungen aufbieten, um sich aus der von ihr selbst geschaffenen Existenzmisere herauszuziehen. Von solchen Anstrengungen aber kann überhaupt nicht die Rede sein. Statt dessen machen sich – wie es scheint – Zweckoptimismus, Imponiergehabe, Prestigedenken, lähmende Untätigkeit und Verdrängen durch sensationshungrige Kurzweil zunehmend breit.

Im Bereich des Artenschutzes erschweren Unwissenheit und Ignoranz die nötigen Fortschritte zusätzlich. In den jeweiligen Bildungssystemen scheint man noch viel zu wenig begriffen zu haben, daß die drängenden Probleme ohne entscheidende Beiträge von Bildung und Erziehung prinzipiell unlösbar bleiben müssen, weil Fortschritte eben nur durch Bewußtseinswandel erreicht und auch gesichert werden können.

Dort, wo die Experten in der Lage waren, Bedeutung und wesentliche Anliegen des Artenschutzes in das allgemeine Bewußtsein der Politik zu heben, zeichnen sich allenfalls halbherzige, völlig unzureichende und von Kompromissen aufgeweichte Lösungsversuche ab.

So bleibt mit Recht zu befürchten, daß die Menschheit die letzte große Prüfung ihrer Geschichte nicht bestehen wird. Allein schon der Faktor Zeit spricht deutlich dagegen. Die Hoffnung, daß die Menschen bei ungewöhnlichen Bedrohungen auch zu außerordentlichen Leistungen fähig sein könnten, mag im Leben der Individuen und sogar in der Politik von kleinen überschaubaren Volksgemeinschaften ihre Berechtigung haben. Sie läßt sich aber nicht so einfach – so jedenfalls die geschichtliche Erfahrung – auf das Handeln von pluralistischen Massengesellschaften, von modernen Staaten oder Staatensystemen übertragen.

Gewiß gibt es da und dort einen Noah, der trotz aller Hoffnungslosigkeit mit dem Wagemut der Verzweiflung und entschlossen gegen den Strom der Zeit schwimmend versucht, die leckgewordene Arche unseres Planeten Erde flott zu halten. Die allermeisten Menschen aber verhalten sich wie in vorsintflutlichen Zeiten. Sie achten nicht darauf. Sie essen und trinken und feiern Hochzeiten.

Anmerkungen

Erstes Kapitel:
Vom Artentod zum Artenmord

[1] Sinnspruch des Kaisers Marc Aurel aus seinem Buch *Selbstbetrachtungen*, hier in der Überetzung von Roland Nitsche. Der Spruch wurde dem 10. Sinnspruch des dritten Buches entnommen. (Nitsche, Roland, Hg., *Marc Aurel, Selbstbetrachtungen.* Zürich 1948. S. 30.)

[2] Nähere Ausführungen hierzu auch in Becker, U. und andere, *Das Leben*, Reihe: »Wissen im Überblick«. Freiburg/Basel/Wien 1971. S. 499ff.

Zweites Kapitel:
Von der Vielfalt der Arten - Eckdaten der Evolution

[1] Vgl. hierzu Myers, N., *The Sinking Ark.* Oxford 1979. Die Angaben stützen sich hauptsächlich auf die im Kapitel »How species arrive and disappear« (S. 27 und 28) angegebenen Zahlenmaterialien.

[2] Myers N., *The Sinking Ark*, Oxford 1979. S. 28 (Übersetzung des Verfassers).

[3] Nach Slud, P., The birds of Finca La Selva, Costa Rica, a tropical wet forest locality. In: *Bulletin of American Museum of Natural History* 121 (2): 49-148).

[4] Vgl. hierzu vor allem die Ausführungen von Myers, N. in *The Sinking Ark*, Oxford 1979.

[5] Rosnay, J. de, *Der Biokit - Eine Reise in die Molekularbiologie.* München 1985. S. 7.

[6] Ditfurth, Hoimar v., *So laßt uns denn ein Apfelbäumchen pflanzen - Es ist soweit.* Hamburg/Zürich 1985.

[7] Die Darstellungen zur ökologischen Nische stützen sich auf die Ausführungen von Osche, G., *Ökologie - Grundlagen-Erkenntnisse, Entwicklungen der Umweltforschung*, Freiburg/Basel/Wien 1973. S. 37-41.

[8] Die Darstellung der Definitionskriterien für den Artbegriff orientiert sich hauptsächlich an Becker, U. und andere, *Das Leben*. S. 485ff.

[9] Becker, U. und andere, *Das Leben*, aus der Reihe »Wissen im Überblick«. Freiburg/Basel/Wien 1971. S. 489.

[10] Nach Osche, G., *Ökologie - Grundlagen-Erkenntnisse, Entwicklungen der Umweltforschung*. Freiburg/Basel/Wien 1971. S. 103-108.

[11] Nach Lützenkirchen, W., *Welt der Tiere - bedrohte Arten* - Die Alptrauminseln Madagaskar und Seychellen. Aus der Reihe »gehört gelesen« 5/82 und anderen.

[12] Nach einem Versuch von Professor Dietmar Todt. Vgl. auch Haaf, G., *Rettet die Natur!*. Gütersloh 1981. S. 300.

Drittes Kapitel: Dimensionen einer Katastrophe

[1] Auszug aus einem Interview mit Christian Magerl, Artenschutzbeauftragter beim Bund Naturschutz in München, aufgezeichnet am 29. Oktober 1984 im Auftrag des Bayerischen Rundfunks.

[2] Auszug aus einem Interview mit Wulf Riess, Artenschutzreferent des Bayerischen Umweltministeriums, aufgezeichnet am 3. April 1985 im Auftrag des Bayerischen Rundfunks.

[3] Ehrlich, P. und A., *Der lautlose Tod der Pflanzen. Was tun wir und was können wir tun?* Frankfurt/M. o. J. S. 49.

[4] Myers, N., *The Sinking Ark*. Oxford 1979. S. 31 (Übersetzung des Verfassers).

[5] *Global 2000*, Der Bericht an den Präsidenten. Frankfurt 1980. S. 86.

[6] Nach Karweina, G., Die nächste Plage kommt bestimmt. In: *Stern* Nr. 14/82 vom 1. 4. 1982. S. 92.

[7] Nach Palmstierna, L. und H., *Unsere geplünderte Welt*. Weinheim und Basel 1972. S. 168.

[8] Aus Ehrlich, P. und A., *Der lautlose Tod der Pflanzen und Tiere - Was tun wir und können wir tun?* Frankfurt/M. o. J. S. 134.

[9] Nach Harrison, G., *Natural History*, Dezember 1968.

Viertes Kapitel: Macht euch die Erde untertan - Ursachen des Artensterbens

[1] Vgl. hierzu auch die graphische Darstellung in Bölsche, J., *Natur ohne Schutz - Neue Ökostrategien gegen die Umweltzerstörung*. Reinbek 1982. S. 71.

Die Graphik wurde dem Medien-Verbund »Sinkt die Arche Noah?« der Bayerischen Landesbildstelle Südbayern, München, entnommen.

2 Die Aufstellung stützt sich auf die Zahlenangaben in Berger, H.-S. und andere, *Umweltschutz heute - Ernährung und Umwelt*, aus der Serie »Nahrungsmittelerzeugung ohne Chemie?« Hg. Deutsche Shell AG Hamburg. Siehe graphische Darstellung auf S. 7, Folie 7.

3 Aus: *Die Natur ist einmalig*. Stuttgart 1987. S. 29.

4 Ehrlich, P. und andere, *Humanökologie*. Berlin/Heidelberg 1975. S. 145.

5 Ehrlich, P. und andere, *Humanökologie*. Berlin/Heidelberg 1975. S. 141ff.

6 Aus: Bölsche, J. (Hg.), *Natur ohne Schutz*. Reinbek 1982. S. 56 und 54 (Graphik).

7 Aus: Bölsche, J. (Hg.), *Natur ohne Schutz*. Reinbek 1982. S. 55.

8 Aus: Bölsche, J. (Hg.), *Natur ohne Schutz*. Reinbek 1982. S. 71.

9 Vgl. hierzu auch die weitergehenden Ausführungen in Ehrlich, P. und andere, *Humanökologie*. Berlin/Heidelberg 1975. S. 138ff.

10 Aus: Ehrlich, P. und andere, *Humanökologie*. Berlin/Heidelberg 1975. S. 144.

11 Bölsche, J. (Hg.), *Natur ohne Schutz*. Reinbek 1982.

12 Die Beobachtungen über den Dingo in Australien werden von Konrad Lorenz berichtet. (Interview mit dem Verfasser am 28. 11. 1984 in Altenburg.)

13 Nach Karweina, G., Die nächste Plage kommt bestimmt. In: *Stern*, Nr. 14/82. S. 97.

14 Nach Karweina, G., Die nächste Plage kommt bestimmt. In: *Stern*, Nr. 14/82. S. 94.

15 Nach Karweina, G., Die nächste Plage kommt bestimmt. In: *Stern*, Nr. 14/82. S. 97. Der Vofall wird auch in zahlreichen anderen Quellen beschrieben.

16 Aus: Bölsche, J. (Hg.), *Natur ohne Schutz*. Reinbek 1982. S. 81.

17 Nach »Neuseeland - Paradies für Emigranten«. *Greenpeace-Nachrichten*, Heft III/86. S. 15ff.

18 Nach Osche, G., *Ökologie - Grundlagen-Erkenntnisse, Entwicklungen der Umweltforschung*. Freiburg/Basel/Wien 1971. S. 70.

19 Rosenbladt, S., Biotopia. In: *natur*, Nr. 9/1987. S. 47.

20 Rosenbladt, S., Biotopia. In: *natur*, Nr. 9/1987. S. 48/49.

21 Die Darstellung über die Büffelmassaker folgt im wesentlichen: Roe, F. G., *The North American Buffalo: A Critical Study of the Species of the Wild State*. Toronto 1951; und Mowat, F., *Der Untergang der Arche Noah - Vom Leiden der Tiere unter den Menschen*. Reinbek 1987.

22 Mowat, F., *Der Untergang der Arche Noah - Vom Leiden der Tiere unter den Menschen*. Reinbek 1987, S. 185/186.

[23] Mowat, F., *Der Untergang der Arche Noah - Vom Leiden der Tiere unter den Menschen.* Reinbek 1987, S. 186.

[24] So meinte auch Konrad Lorenz, der berühmte Verhaltensforscher und weise Naturkenner in einem Gespräch mit dem Autor, daß der Mensch durch Jagd oder Fang Tiere nicht ausrotten könne, wenn nicht noch andere das Aussterben begünstigende Faktoren hinzukommen. Konrad Lorenz vertrat die Ansicht, daß der Mensch die Jagd einstellen würde, sobald einmal ein entsprechend niedriger Populationsstand erreicht ist, so daß die Mühe, die letzten Individuen noch zu finden, zu groß oder zu unrentabel wird. Allerdings hat er im Verlauf des weiteren Gesprächs diese These relativiert und die Ausrottung der Wale durch technologiegestützten Fang durchaus für möglich gehalten.

Berücksichtigen muß man allerdings auch noch ein anderes Phänomen, nämlich die ungezügelte Sammlerleidenschaft vieler Menschen. Für sie ist die Tatsache, daß eine Art auf der Erde nur noch in ganz wenigen Individuen existiert, ein geradezu magischer Ansporn, diese letzten Artvertreter aufzuspüren und mit deren Relikten (Jagdtrophäen, ausgestopftes Präparat, Skelett usw.) ihre privaten Sammlungen zu bereichern. Eben dieser Umstand hat die Ausrottung ungezählter Arten schon häufig erheblich beschleunigt.

[25] Weitergehende Ausführungen enthält u.a. auch Paffrath, F. H. und D. Wehnert, *Ökologie konkret - Bausteine für eine Umwelterziehung in der Schule.* Bad Heilbrunn 1982. S. 101ff.

[26] Ehrlich, P. u. A., *Der lautlose Tod der Pflanzen und Tiere - Was tun wir und was können wir tun?* Frankfurt/M. o. J. S. 169/170.

[27] Die Darstellung über den Walfang ist eine verkürzte Zusammenfassung aus den Arbeiten von Moll, W. L. H., *Taschenbuch für Umweltschutz* III: ökologische Informationen. Darmstadt 1980. S. 131/132ff; und Mowat, F., *Der Untergang der Arche Noah - Vom Leiden der Tiere unter den Menschen.* Reinbek 1987, S. 264ff.

[28] »Artenschutz«. *Greenpeace-Nachrichten*, Heft I/87. S. 7.

[29] Nach Bölsche, J. (Hg.), *Natur ohne Schutz.* Reinbek 1982. S. 96.

[30] Bölsche, J. (Hg.), *Natur ohne Schutz.* Reinbek 1982. S. 96.

[31] Franke, K. (Hg.), *Mehr Recht für Tiere.* Reinbek 1985. S. 161.

[32] Bölsche, J. (Hg.), *Natur ohne Schutz.* Reinbek 1982. S. 86.

[33] *Global 2000 - Der Bericht an den Präsidenten.* Frankfurt 1980. S. 86.

[34] Die Zahlenangaben wie auch die weiteren detaillierten Fakten über die Ökosysteme der tropischen Regenwälder wurden den sehr umfassenden Dokumentationen verschiedener Autoren entnommen. Eine besonders aufschlußreiche zusammenfassende Darstellung enthalten u.a.: Myers, N., *Die sinkende Arche.* Braunschweig 1985. S. 113ff. Farnworth, F. G. und andere, *Tropical Ecological System.* New York 1975.

[35] Myers, N., *The Sinking Ark*. Oxford 1979. S. 120.
[36] Nach Lewis, W. H. und M. P. E. Elvin-Lewis, *Medical Botany*. New York 1977. Hier aus Myers, N., *The Sinking Ark*. Oxford 1979. S. 124.
[37] Weitere sehr wichtige Aufschlüsse über die Bedeutung der sehr komplexen und weitestgehend noch unerforschten Ökosysteme der tropischen Regenwälder und ihre Bedeutung für die Ernährung, die Medizin, die Bionik, das Weltklima usw. sind in gut zusammengefaßter Form u. a. auch enthalten in *Global 2000. Der Bericht an den Präsidenten*. Frankfurt 1980.
Interessante Aufschlüsse gibt auch Caufield, C., *In the Rainforest*. London 1984.

Fünftes Kapitel: Von unserer Selbstvertreibung aus dem Paradies – die Folgen des Artensterbens

[1] Nach Myers, N., *The Sinking Ark*. Oxford 1979. S. 57ff.
[2] Vgl. Ehrlich, P. und A. Ehrlich, Der lautlose Tod der Pflanzen und Tiere – Was tun wir und was können wir tun?. New York 1980. S. 98.
[3] Ablesen kann man solche Veränderungen auch am Durchschnittsalter, das eine Milchkuh heute erreicht, und an der Häufigkeit notwendig werdender tierärztlicher Hilfe. Während eine normale Milchkuh noch vor einigen Jahrzehnten durchschnittlich 10 bis 12 Jahre im Stall stand, liegt der Durchschnitt heute bei 6 bis 7 Jahren, bei abnehmender Tendenz. Außerdem wurde früher tierärztliche Hilfe nur sehr selten gebraucht. Heute dagegen ist eine stetig wachsende Behandlungshäufigkeit notwendig geworden. Übersehen werden darf allerdings nicht, daß dies nicht ausschließlich eine Folge der Artenverarmung unserer Wiesen und damit einer Vereinseitigung der Nahrung ist, sondern gleichzeitig u. a. auch durch die heute üblich gewordene Hochleistungszüchtung beim Milchvieh bedingt ist.
[4] Bölsche, J. (Hg.), *Natur ohne Schutz*. Reinbek 1982. S. 47.
[5] Myers, N., *Die sinkende Arche – Bedrohte Natur, gefährdete Arten*. Braunschweig 1985. S. 71.
[6] Nach Rosenbladt, S., Biotopia. In: *natur*, Nr. 12/87. S. 61.
[7] Nach Bölsche, J. (Hg.), *Natur ohne Schutz*. Reinbek 1982. S. 47.
[8] Ehrlich, P. und A., *Der lautlose Tod der Pflanzen und Tiere – Was tun wir und was können wir tun?* Frankfurt/M. o. J. S. 95.
[9] Bölsche, J. (Hg.), *Natur ohne Schutz*. Reinbek 1982. S. 50.
[10] Bölsche, J. (Hg.), *Natur ohne Schutz*. Reinbek 1982, S. 51.

[11] Nach Ehrlich, P. und A., *Der lautlose Tod der Pflanzen und Tiere - Was tun wir und was können wir tun?* Frankfurt/M. o. J. S. 97.
[12] *Global 2000. Der Bericht an den Präsidenten.* Frankfurt 1980. S. 87ff.
[13] Rosenbladt, S., Biotopia. In: *natur*, Nr. 12/87. S. 61/62.
[14] Aus: *Der Boden - Umweltschutz in Bayern.* Eine Information der Bayerischen Staatsregierung. München 1986. S. 14.
[15] Nach *Global 2000. Der Bericht an den Präsidenten.* Frankfurt 1980. S. 589.
[16] Aus Myers, N., *Die sinkende Arche - Bedrohte Natur, gefährdete Arten.* Braunschweig 1985. S. 63.
[17] Vgl. hierzu u. a. auch Ehrlich, P. und A., *Der lautlose Tod der Pflanzen und Tiere - Was tun wir und was können wir tun?* Frankfurt/M. o. J. S. 98.
[18] Crawford, M. H., The case for new domestic animals. In: *Onyx* 12, 1974, S. 351-360.
[19] Myers, N., *Die sinkende Arche - Bedrohte Natur, gefährdete Arten.* Braunschweig 1985. S. 70.
[20] Nach Myers, N., *Die sinkende Arche - Bedrohte Natur, gefährdete Arten.* Braunschweig 1985. S. 72.
[21] Myers, N., *Die sinkende Arche - Bedrohte Natur, gefährdete Arten.* Braunschweig 1985. S. 72.
[22] Myers, N., *Die sinkende Arche - Bedrohte Natur, gefährdete Arten.* Braunschweig 1985. S. 74.
[23] Myers, N., *Die sinkende Arche - Bedrohte Natur, gefährdete Arten.* Braunschweig 1985. S. 81/82.
[24] Ehrlich, P. und A., *Der lautlose Tod der Pflanzen und Tiere - Was tun wir und was können wir tun?* Frankfurt/M. o. J. S. 126.
[25] Nach Omerod, W. E., Ecological effects of control of African trypanosomiasis. In: *Science* 191, 1976, Seite 815–821.
[26] Nach Myers, N., *Die sinkende Arche - Bedrohte Natur, gefährdete Arten.* Braunschweig 1986. S. 97/98.
[27] Nach Gentry, A. H. und J. Lopez-Parodi, Deforestation and increased flooding of upper Amazon. In: *Science* 210, 1980. S. 1354–1356.
[28] Thornton, I., *Darwin's Islands*, Garden City, N. Y. 1971.
[29] Aus: Lützenkirchen, W., *Welt der Tiere - bedrohte Arten* - Die Alptrauminseln Madagaskar und Seychellen. In: »gehört gelesen« 5/82. S. 62/63.
[30] Lützenkirchen, W., *Welt der Tiere - bedrohte Arten* - Die Alptrauminseln Madagaskar und Seychellen. In: »gehört gelesen« 5/82, S. 68.
[31] Lützenkirchen, W., *Welt der Tiere - bedrohte Arten* - Die Alptrauminseln Madagaskar und Seychellen. In: »gehört gelesen« 5/82. S. 69.

Sechstes Kapitel:
Ist eine Umkehr noch möglich?

1 Nach Dolan, J. M., The Arabian Oryx: Its destruction, captive story, and propagation. In: *International Yearbook* 16, 1976. S. 230–239. Vgl. auch Ehrlich, P. und A., *Der lautlose Tod der Pflanzen und Tiere*. Frankfurt/M. o. J. S. 298/299.

2 Nach Myers, N., *Die sinkende Arche - Bedrohte Natur, gefährdete Arten.* Braunschweig 1985. S. 198.

3 Ehrlich, P. und A. Ehrlich, Der lautlose Tod der Pflanzen und Tiere - Was tun wir und was können wir tun?. New York 1980. S. 301.

4 Nach Fisher, J. und andere, *Wildlife in Danger*. New York 1969.

5 Die Angaben stammen aus Myers, N., *Die sinkende Arche - Bedrohte Natur, gefährdete Arten.* Braunschweig 1985. S. 199.

6 Die Zahlenangaben stammen aus Myers, N., *Die sinkende Arche - Bedrohte Natur, gefährdete Arten.* Braunschweig 1985. S. 199.

7 Myers, N., *Die sinkende Arche - Bedrohte Natur, gefährdete Arten.* Braunschweig 1985. S. 200.

8 Sämtliche Daten stammen aus Myers, N., *The Sinking Ark.* Oxford 1979.

9 Vgl. hierzu auch die Ausführungen von Myers, N., *Die sinkende Arche - Bedrohte Natur, gefährdete Arten.* Braunschweig 1985. S. 205.

10 Weiger, H., *Nationalparkzeitung* 27.

11 Zeichnung entnommen aus: Stern/Schröder/Vester/Dietzen, *Rettet die Wildtiere.* Stuttgart 1980. S. 104/105. Mit freundlicher Genehmigung des Pro Natur Verlags, Frankfurt.

12 Nach Bölsche, J. (Hg.), *Natur ohne Schutz*. Reinbek 1982. S. 257.

13 So hat beispielsweise eine neue Kartierung in einzelnen Landkreisen Bayerns gezeigt, daß Teiche, Tümpel und Altwässer durch Verfüllungen, Drainagen und Begradigungen um 90 Prozent dezimiert worden sind. Bayerisches Staatsministerium für Landesentwicklung und Umweltfragen, Naturschutz in Bayern. Landschaft aus zweiter Hand, Kalender 1982.

14 Die dichte Bebauung der Städte, die wenigen Bäume und die hohe Emission von Schadstoffen aus Haushalt, Verkehr und Industrie haben ein typisches Stadtklima zur Folge. Im Vergleich zur Umgebung sind zum Beispiel die Temperaturen in der Stadt im Jahresmittel 1,5 bis 2 Grad Celsius höher, die Zahl der Regentage um 5 bis 10% höher und die Sonnenscheindauer um 10 bis 20% geringer. Bei der Temperatur ist bei allgemeiner Überwärmung besonders charakteristisch die Erhöhung und Verschiebung des Maximums in den Mittagsstunden und die erheblich verminderte Abkühlung in den Abend- und

Nachtstunden. Die nächtliche Temperaturdifferenz gegenüber dem Umland kann recht hohe Werte annehmen. Diese Werte hängen allerdings von der Größe der Grünflächen innerhalb der Stadt, vom Luftaustausch zwischen Stadtkern und Umland ab. Die Stadt muß somit als Wärmeinsel angesehen werden, hervorgerufen durch die Abwärmezufuhr aus Industrie- und Gebäudeheizung, dem Glashauseffekt und die Erhöhung der Wärmekapazität durch die Betonmassen. Ein weiteres charakteristisches Merkmal des Stadtklimas besteht in der Verminderung der mittleren Windgeschwindigkeit, die je nach Baustruktur zwischen 10 und 20% liegt. Auch ist das Stadtgebiet entsprechend der erhöhten Temperatur im Mittel trockener als seine Umgebung.
(Landesbildstelle Südbayern, *Mensch und Umwelt - Die ökologische Krise*. München 1982. S. 49/50).

15 Wie komplex die Zusammenhänge zwischen Waldrodung und den Veränderungen globaler Ökosysteme sein können, wird am Beispiel der Waldzerstörungen in Costa Rica besonders deutlich: »Während zwischen 1960 und 1976 etwa der US-amerikanische Pro-Kopf-Verbrauch von Rindfleisch von 38 auf 61 Kilogramm jährlich anstieg, verringerte sich dramatisch der Regenwald in Mittelamerika, in Costa Rica zwischen 1950 und 1978 von 72 auf 34 Prozent der Landfläche. Die Weidefläche verdoppelte sich im selben Zeitraum, mit noch steigender Tendenz.«

Wissenschaftler des *Smithsonian Institute* in Washington beobachteten in diesem Zusammenhang seit Jahren ein merkwürdiges Phänomen: In diversen Gebieten der Vereinigten Staaten steigt der Verbrauch von Insektiziden, da Myriadenschwärme der Schädlinge sich ungehindert auszubreiten beginnen und das Land der nordamerikanischen Farmer gefährden. Zugleich war den Forschern aufgefallen, daß die Anzahl der nach der Überwinterung zurückkehrenden Zugvögel sinkt, jener Singvögel, die eben von den Insekten, deren Anzahl zugenommen hatte, leben. Zwei Drittel der nordamerikanischen Singvögel überwintern in Zentralamerika und in der Karibik.

Die Wissenschaftler entdeckten nun verblüfft, daß jährlich etwa 5% der Singvögel von ihrer Winterreise nicht mehr zurückkehren, weil sie unterwegs vor Schwäche sterben. Ihre traditionellen Nistplätze in den tropischen Regenwäldern werden durch Rodung für die Rinderzucht vernichtet, und die Vögel aus den USA finden nicht mehr genügend Nahrung. Milliarden der Zugvögel reduzieren sich nun mit dem zunehmenden Tempo der Vernichtung der Tropenwälder für Viehweiden und verursachen eine explosive Zunahme der Insektenschädlinge in der Heimat und infolgedessen eine Vergiftung der landwirtschaft lich genutzten Böden. Die Natur rächt den Raubbau, der Teufelskreis schließt sich.

Die Informationen und Zahlenangaben stammen aus dem Faltblatt zum preisgekrönten Film »Dschungelburger-Hackfleischordnung International« von Peter Heller.

16 Es gibt heute beispielsweise kaum eine Art der gefleckten oder gestreiften Großkatzen, die - als Folge der Vernichtung und Einengung ihrer Lebensräume und aufgrund übermäßiger Verfolgung - in ihrem Bestand nicht ernsthaft gefährdet ist.

17 Für einen Luchsmantel sterben in der Regel 14 Luchskatzen, für einen Seehundmantel acht Seehunde, für einen Wolfsmantel zwölf Wölfe und für einen Nerzmantel rund 50 Nerztiere.

18 Jacobi, C., *Uns bleiben 100 Jahre - Ursachen und Auswirkungen der Bevölkerungsexplosion.*Frankfurt/Berlin 1986. S. 26.

19 Ehrlich, P. und J. Holdren, Impact of population growth. In: *Science* 171/1971. S. 1212–1217. Siehe auch Ehrlich, P. und A., *Der lautlose Tod der Pflanzen und Tiere - Was tun wir und was können wir tun?* Frankfurt/M. o. J. S. 334, Anmerkung 70.

20 Jacobi, C., *Uns bleiben 100 Jahre - Ursachen und Auswirkungen der Bevölkerungsexplosion.* Frankfurt/Berlin 1986. S. 14.

21 Einen sehr guten Überblick über zahlreiche kaum verantwortbare Fehlgriffe, Bestechungsskandale, Rechtsmißachtungen und Behördenversäumnisse aller Art auf dem Gebiet ökologischer Verantwortung geben die Arbeiten von Jochen Bölsche, *Natur ohne Schutz*, *Die deutsche Landschaft stirbt*, *Das gelbe Gift* und *Was die Erde befällt.* Mängel im Gesetzesvollzug decken auch die Arbeiten von Klaus Franke, *Mehr Recht für Tiere* und von Dieter Degler und Dieter Uentzelmann. *Supergift Dioxin* auf. Eine sehr umfassende, detaillierte Bewertung der gegenwärtigen Umweltsituation in den einzelnen Landkreisen der Bundesrepublik enthält der Umweltatlas von Egmont R. Koch *Die Lage der Nation 85/86.*

22 Nach Schwab, G., *Die schönsten Sagen des klassischen Altertums*, Stuttgart 1956.

23 Vgl. v. Ditfurth, H., *So laßt uns denn ein Apfelbäumchen pflanzen - Es ist soweit.* Hamburg/Zürich 1985. S. 108 ff.

24 Bölsche, J. (Hg.), *Das gelbe Gift - Todesursache: Saurer Regen.* Reinbek 1984. S. 34, 37 und 39.

Ausblick

1 Lorenz K., *Der Abbau des Menschlichen.* R. Piper GmbH & Co. KG Verlag, München 1983. S. 11.

Literatur

Amery, C., *Natur als Politik. Die ökologische Chance des Menschen.* Reinbek 1976.

Amery, C., *Das Ende der Vorsehung – Die gnadenlosen Folgen des Christentums.* Reinbek 1972.

Atteslander, P., *Die letzten Tage der Gegenwart.* Bern 1971.

Barsig, W., *Leben überall.* Donauwörth 1980.

Becker, U. und andere, *Das Leben*, Reihe: Wissen im Überblick. Freiburg/Basel/Wien 1971.

Berger, H.-S. und andere, *Umweltschutz heute – Ernährung und Umwelt*, aus »Nahrungsmittelerzeugung ohne Chemie?«. Hamburg 1983.

Binswanger, H. Ch. u.a. (Hg.) *Der NAWU-Report: Wege aus der Wohlstandsfalle.* Frankfurt 1980.

Bölsche, J. (Hg.), *Das Gelbe Gift – Todesursache: Saurer Regen.* Reinbek 1984.

Bölsche, J. (Hg.), *Die deutsche Landschaft stirbt – Zerschnitten zersiedelt zerstört.* Reinbek 1983.

Bölsche, J. (Hg.), *Natur ohne Schutz – Neue Öko-Strategien gegen die Umweltzerstörung.* Reinbek 1982.

Bölsche, J. (Hg.), *Was die Erde befällt …* Reinbek 1984.

Bruckmann, G. und H. Swoboda, *Auswege in die Zukunft. Was kommt nach der Konsumgesellschaft?.* Wien 1974.

Buchwald, K. und W. Engelhardt (Hg.), *Handbuch für Landschaftspflege und Naturschutz.* München 1968/69.

Bundesministerium des Innern (Hg.), *Was Sie schon immer über Abfall und Umwelt wissen wollten.* Stuttgart 1981.

Bundesministerium des Innern (Hg.), *Was Sie schon immer über Umweltschutz wissen wollten.* Stuttgart 1981.

Calder, N., *Vor uns das Paradies? Entwurf eines gelobten Landes.* München 1968.

Capra, F., *Wendezeit – Bausteine für ein neues Weltbild.* Bern/München/Wien 1982.

Carson, R., *Der stumme Frühling.* München 1963.

Caufield, C., *In the Rainforest.* London 1984.

Clarke, A. C., *Die letzte Generation.* München 1966.
Cockburn, A. und J. Ridgeway, *Political Ecology.* New York 1979.
Commoner, B., *Wachstumswahn und Umweltkrise.* München 1973.
Crawford, M. H., The case of new domestic animals. In: *Onyx* 12, 1974.
Degler, H.-D. und D. Uentzelmann, *Supergift Dioxin – Der unheimliche Killer.* Reinbek 1984.
Der Boden – Umweltschutz in Bayern. Eine Information der Bayerischen Staatsregierung. München 1986.
Dremel, W., *Wachstumsgrenzen und Zukunftsplanung.* hg. v. der Bayerischen Landeszentrale für Politische Bildungsarbeit. München 1978.
Ditfurth, H. v., *So laßt uns denn ein Apfelbäumchen pflanzen – Es ist soweit.* Hamburg/Zürich 1985.
Dolan, J. M., The Arabian Oryx: Its destruction, captive story, and propagation. In: *International Yearbook* 16, 1976.
Doxat, J., *The Living Thames – The Restoration of a Great Tidal River.* London 1977.
Ehrenvärd, G., *Nach uns die Steinzeit.* Bern 1972.
Ehrlich, P. und A., *Bevölkerungswachstum und Umweltkrise. Die Ökologie des Menschen.* Frankfurt 1972.
Ehrlich, P. und A., *Der lautlose Tod der Pflanzen und Tiere – Was tun wir und was können wir tun?* (deutsche Ausgabe: Frankfurt/M. o. J. 1980).
Ehrlich, P. und andere, *Humanökologie* (deutsche Ausgabe: Berlin/Heidelberg 1975).
Ehrlich, P. und A. Ehrlich, *The Causes and Consequences of the Disappearance of Species.* New York 1980.
Engelhardt, W., *Umweltschutz. Gefährdung und Schutz der natürlichen Umwelt des Menschen.* München 1973.
Eppler, E., *Ende oder Wende?.* Stuttgart 1975.
Farnworth, F. G. und andere, *Tropical Ecological Systems.* New York 1975.
Fetscher, I., *Die Überlebensbedingungen der Menschheit.* München 1980.
Fisher, J. und andere, *Wildlife in Danger.* New York 1969.
Flechtheim, O. K. (Hg.), *Futurum.* München 1980.
Franke, K. (Hg.), *Mehr Recht für Tiere.* Reinbek 1985.
Fromm, E., *Der moderne Mensch und seine Zukunft.* Frankfurt 1971.
Fromm, E., *Haben oder Sein.* Stuttgart 1976.
Gabor, D. und U. Colombo, *Das Ende der Verschwendung – Zur materiellen Lage der Menschheit.* Ein Tatsachenbericht an den Club of Rome. Stuttgart 1976.
Galbraith, J. K., *Gesellschaft im Überfluß.* München 1980.
Global 2000, Der Bericht an den Präsidenten. Frankfurt 1980 (deutsche Ausgabe).
Goldsmith, E. und R. Allen, *Planspiel zum Überleben. Ein Aktionsprogramm.* Stuttgart 1972.

Gorz, A., *Ökologie und Politik. Beiträge zur Wachstumskrise.* Reinbek 1977.
Greenpeace-Nachrichten Hefte III/86, I/87 und II/87.
Gruen, V., *Ist Fortschritt ein Verbrechen? Umweltplanung statt Weltuntergang.* Wien 1975.
Gruhl, H., *Ein Planet wird geplündert. Die Schreckensbilanz unserer Politik.* Frankfurt 1975.
Gruhl, H., *Das irdische Gleichgewicht - Ökologie unseres Daseins.* Düsseldorf 1982.
Haaf, G., *Rettet die Natur!.* Gütersloh 1981.
Haber, H., *Stirbt unser blauer Planet?* Stuttgart 1973.
Hanke, F. G., *Aufbruch ins Paradies.* Jetzt beginnt die Herrschaft der Vernunft. Wien 1973.
Harrison, G., *Natural History*, December 1968.
Haßler, G. v., *Welt ohne Notausgang.* Bern/München 1984.
Hebel, J. H., *Mit der Technik zurück zur Natur.* Bad Wörishofen 1987.
Huxley, A., *Schöne neue Welt.* München 1953.
Illich, I., *Selbstbegrenzung.* Reinbeck 1974.
Jacobi, C., *Uns bleiben 100 Jahre - Ursachen und Auswirkungen der Bevölkerungsexplosion.* Frankfurt/Berlin 1986.
Janson, M. und andere, *Die Tiere - Entwicklung, Arten, Lebensräume.* München 1985.
Kahn, H., *Ihr werdet es erleben. Voraussagen der Wissenschaft bis zum Jahr 2000.* Wien 1968.
Kahn, H., *Die Zukunft der Welt.* Wien 1980.
Kahn, H., *Die Zukunft Deutschlands. Niedergang oder neuer Aufstieg der Bundesrepublik.* München 1982.
Kaminski, G., *Umweltpsychologie.* Stuttgart 1976.
Karweina, G., Die nächste Plage kommt bestimmt. In: *Stern* Nr. 14/82 vom 1. 4. 1982. S. 92.
Klausewitz, W. und W. Tobias, *Umwelt 2000.* Frankfurt 1973.
Knodel, H. und U. Kull, *Ökologie und Umweltschutz.* Stuttgart 1974.
Koch, E., *Die Lage der Nation 85/86 - Umweltatlas der Bundesrepublik - Daten, Analysen, Konsequenzen, Trends.* Hamburg 1985.
Kreeb, K. H., *Ökologie und menschliche Umwelt. Geschichte - Bedeutung - Zukunftsaspekte.* Stuttgart 1979.
Landesbildstelle Südbayern, *Mensch und Umwelt - Die ökologische Krise.* München 1982.
Landesbildstelle Südbayern, *Sinkt die Arche Noah?* - Medien-Verbund. München 1987.
Lewis, W. H. und M. P. F. Elvin-Lewis, *Medical Botany.* New York 1977.
Liebmann, H., *Ein Planet wird unbewohnbar.* München 1973.
Lorenz, K., *Die acht Todsünden der zivilisierten Menschheit.* München 1973.

Lorenz, K., *Das sogenannte Böse.* Wien 1963.
Lorenz, K., *Der Abbau des Menschlichen.* München 1983.
Lorenz, K., *Das Jahr der Graugans.* München 1979.
Lorenz, K. und K. Mündl, *Noah würde Segel setzen. - Vor uns die Sintflut.* Stuttgart 1984.
Lützenkirchen, Willy, Welt der Tiere - bedrohte Arten, Die Alptrauminseln Madagaskar und Seychellen. In: *gehört gelesen* 5/82.
Mowat, F., *Der Untergang der Arche Noah - Vom Leiden der Tiere unter den Menschen* (deutsche Ausgabe: Reinbek 1987).
Maddox, J., *Unsere Zukunft hat Zukunft.* Stuttgart 1973.
Meadows, D. L. und andere, *Die Grenzen des Wachstums. Bericht des Club of Rome zur Lage der Menschheit.* Stuttgart 1972.
Meadows, D. L. und D. H., *Das globale Gleichgewicht.* Stuttgart 1974.
Mesarovics, M. und E. Pestel, *Menschheit am Wendepunkt.* Stuttgart 1974.
Meyer-Abich, K. M. (Hg.), *Frieden mit der Natur.* Freiburg 1979.
Michelsen, G. und andere (Hg.), *Der Fischer Öko-Almanach.* Frankfurt 1980.
Moll, W. L. H., *Taschenbuch für Umweltschutz.* Bd. III: ökologische Informationen. Darmstadt 1980.
Myers, N., *The Sinking Ark - A new look at the problem of disappearing species.* Oxford 1979.
Myers, N., *Die sinkende Arche - Bedrohte Natur, gefährdete Arten* (Übersetzung des Titels »The Sinking Ark«). Braunschweig 1985.
Olschowy, G. (Hg.), *Natur- und Umweltschutz in der Bundesrepublik Deutschland.* Hamburg 1978.
Osche, G., *Ökologie - Grundlagen-Erkenntnisse-Entwicklungen der Umweltforschung.* Freiburg/Basel/Wien 1973.
Paddock, W. und P., *Vor uns die mageren Jahre?* Bern 1969.
Paffrath, H. und D. Wehnert, *Ökologie konkret - Bausteine für eine Umwelterziehung in der Sekundarstufe.* Bad Heilbrunn 1982.
Palmstierna, L. und H. Palmstierna, *Unsere geplünderte Welt.* Weinheim/ Basel 1972.
Peccei, A. und M. Siebker, *»Die Grenzen des Wachstums«. Fazit und Folgestudien.* Reinbek 1974.
Peccei, A. (Hg.), *Das menschliche Dilemma.* Wien 1979.
Peccei, A., *Die Zukunft in unserer Hand.* Wien 1981.
Pope, J. und andere, *Das Leben - Ursprung, Entfaltung, Vergehen.* München 1985.
Roe, F. G., *The North American Buffalo: A Critical Study of the Species of the Wild State.* Toronto 1951.
Rosenbladt, S., Biotopia. In: *natur* Nr. 9/87ff. München 1987.
Rosnay, J. de, *Der Biokit - Eine Reise in die Molekularbiologie.* München 1985.

Scharnagel, W., *Der Dreck, in dem wir leben, oder Ein Nachruf auf unsere Umwelt.* München 1971.
Schuhmacher, E. F., *Rückkehr zum menschlichen Maß.* Hamburg 1977.
Schuhmacher, E. F., *Das Ende einer Epoche.* Reinbek 1980.
Schwab, G., *Die schönsten Sagen des klassischen Altertums.* Stuttgart 1956.
Slud, P., The birds of Finca la Selva, Costa Rica, a tropical wet forest locality. In: *Bulletin of American Museum of Natural History* 121 (2).
Stern, H. und andere, *Rettet die Wildtiere.* Stuttgart 1980.
Stumpf, H., *Leben und überleben. Einführung in die Zivilisationsökologie.* Stuttgart 1977.
Taylor, G., R., *Dac Selbstmordprogramm. Zukunft oder Untergang der Menschheit.* Hamburg 1969.
Tinberger, J. (Hg.), *Wir haben nur eine Zukunft - Der Rio Bericht an den Club of Rome.* Opladen 1977.
Toffler, A., *Der Zukunftsschock.* Bern 1970.
Traube, K., *Wachstum oder Askese?* Reinbek 1979.
Vester, F., *Das Überlebensprogramm.* München 1972.
Vester, F., *Neuland des Denkens.* Frankfurt 1974.
Vogel, G. und H. Angermann, *dtv-Atlas zur Biologie* - Tafeln und Texte, Band 1 - 3. München 1984.
Weiger, H., *Nationalparkzeitung* 27.
Weinzierl, H., *Das große Sterben. Umweltnotstand - Wege in eine heile Welt.* München 1971.
Weinzierl, H. (Hg.), *Aufbegehren als Bürgerpflicht.* München 1978.
Weizsäcker, C. Fr. v., *Gedanken über unsere Zukunft.* Göttingen 1968.
Widener, D., *Kein Platz für Menschen. Der programmierte Selbstmord.* Stuttgart 1971.
Zündorf, U., *Untergang in Raten? Umweltverseuchung in der Bundesrepublik Deutschland.* Düsseldorf 1972.
Zukunft der Schöpfung - Zukunft der Menschheit. Erklärung der Deutschen Bischofskonferenz zu Fragen der Umwelt und der Energieversorgung. Bonn 1980.

Verlag Ullstein GmbH Frankfurt/Main · Berlin

Printed in Germany 1988
Satz: Dörlemann Satz, Lemförde
Druck: Ebner Ulm
ISBN 3 550 07998 2

CIP-Titelaufnahme der Deutschen Bibliothek

Wehnert, Dieter:
Noahs letzte Warnung: Artensterben u. menschl. Zivilisation /
Dieter Wehnert. – Frankfurt/Main; Berlin: Ullstein, 1988
ISBN 3-550-07998-2